Der Wegweiser für den Graphic Facilitator

Wie Sie mit Zuhören, Denken und Zeichnen Bedeutung schaffen

Brandy Agerbeck

neuland
www.neuland.com

Der Wegweiser für den Graphic Facilitator

Wie Sie mit Zuhören, Denken und Zeichnen Bedeutung schaffen

Brandy Agerbeck

1. Auflage 2013

Die amerikanische Originalausgabe erschien erstmals 2012 bei Loosetooth.com Library unter dem Titel *The Graphic Facilitator's Guide.*

Übersetzung: Guido Neuland, Eichenzell
Stilistisches Lektorat: Thies Thiessen, Hamburg
Umschlaggestaltung: Brandy Agerbeck
Satz: Neuland GmbH & Co. KG, Eichenzell
Druck und Bindung: Appel & Klinger Druck und Medien GmbH, Schneckenlohe

Bildnachweise:
Guido Neuland © 2010-2011, Seiten 100, 168, 219, 249, 294
Jamie Nast © 2012, Seite 241
Weitere Informationen finden Sie unter **GraphicFacilitator.com**

ISBN-13: 978-3-940315-17-5

Vertrieb:

neuland
www.neuland.com

Neuland GmbH & Co. KG, Am Kreuzacker 7, 36124 Eichenzell, Tel. 06659-88-0

Inhaltsverzeichnis

Vorwort

Dieses Buches in deutscher Sprache herauszugeben war mir aus verschiedenen Gründen eine Herzensangelegenheit. Als ich vor vielen Jahren zum ersten Mal von einer aus den USA stammenden Methode hörte, bei der die Kraft der Bilder eine zentrale Rolle spielt, begann sich für mich ein Kreis zu schließen, von dem ich bislang nicht einmal geahnt hatte, dass er existiert. Wohl eher unbewusst und intuitiv hatte ich bis dahin in Bildern gedacht und visuelle Elemente an verschiedenen Stellen in meiner Arbeit eingesetzt.

Erste konkrete Berührungspunkte ergaben sich für mich bei einem Workshop in der Schweiz, den ***Ursula Arztmann (www.innovation-factory.com)*** *leitete. Über ihre Tätigkeit bei Hewlett Packard kam Ursula erstmals in Kontakt mit der Methode – und auch hier reichten die Wurzeln nach Amerika und griffen methodische Ansätze von* ***David Sibbet (www.grove.com)*** *auf, um in der Schweiz eine ganz eigenständige Pflanze mit Namen „Visuelle Kommunikation“ heranwachsen zu lassen. Begeistert vom ersten Workshop, begab ich mich auf die Suche nach weiteren Inspirationsquellen und stieß relativ schnell auf eine Webseite mit dem seltsamen Namen* **www.loosetooth.com** *und auf die Internetseite der* ***IFVP*** *– dem Internationalen Forum für visuelle Praktiker* ***(www.ifvp.org).***

Nach einiger Zeit der „stillen Beobachtung“ entschied ich mich im Jahr 2010 für die Teilnahme an der IFVP-Konferenz in Redwood City, Kalifornien. Schon im Vorfeld nahm ich mit Brandy Agerbeck Kontakt auf – Social Media sei Dank war dies deutlich einfacher, als ich befürchtet hatte. Sicher auch aus dem Grund, dass Brandy in diesen Medien wirklich zuhause ist und so die Kommunikation mit Ihren Kollegen und Freunden in aller Welt aufrecht erhält. Die

Konferenz hatte nicht so viele Teilnehmer, wie ich erwartet hatte, war aber umso intensiver, was den persönlichen und professionellen Austausch anging. Es war der Beginn einer inspirierenden Freundschaft.

Als wir uns zwei Jahre später auf der ASTD in Denver trafen und mir Brandy ein signiertes, druckfrisches Exemplar ihres „Graphic Facilitators Guide“ in die Hand drückte, war mir schnell klar, wie wertvoll dieses Buch für jeden ist, der sich mit der „Methode der großen Bilder“ auseinandersetzt. Auch wenn es dem ernsthaft interessierten Leser das Üben nicht ersparen will, so ist es doch so etwas wie der Erfahrungs-Turbolader für Graphic Facilitator und lässt sie teilhaben am reichen Erfahrungsschatz des Popstars der amerikanischen Visualisierer-Szene.

Guido Neuland

Wenn ich gefragt werde, womit ich mein Geld verdiene, dann sage ich „Ich habe einen wirklich seltsamen Beruf. Ich bin ein Graphic Facilitator."

[Plötzlich wird es so leise, dass man die Grillen zirpen hört.]

Wenn ich dann erkläre, „was zum Teufel" das bedeutet, sind die Leute begeistert. Dabei benötigte ich sieben Jahre Praxis, bis ich in der Lage war, diese Frage eindeutig zu beantworten. Weitere sieben Jahre später bin ich nun soweit, diese Praxis mit Ihnen zu teilen. Somit heiße ich Sie herzlich willkommen in der nächsten Generation der Graphic Facilitator, die in Zukunft mit dieser Frage konfrontiert wird.

Der Schwerpunkt dieses Buches liegt auf der spezifischen Tätigkeit, ein Meeting mit Hilfe von Worten und Bildern zu protokollieren, in eine visuelle Karte zu bringen (mappen). Diese Tätigkeit stellt ein kraftvolles Werkzeug dar, das helfen kann, Gruppen – in Meetings, Konferenzen und Projekten – produktiver zu machen. Die grundlegenden Fähigkeiten eines Graphic Facilitators sind Zuhören, Denken und Zeichnen – sie sind so etwas wie der Treibstoff für Graphic Facilitation. Je schärfer diese Fähigkeiten ausgebildet sind, umso mächtiger wird das Werkzeug. Ich lade Sie ein, Ihre Fähigkeiten zu entwickeln. Lassen Sie uns dazu als erstes auf die Rolle des Graphic Facilitators schauen.

Doch vorab möchte ich noch einigen Menschen Danke sagen.

Mein innigstes Dankeschön geht an meine lieben Kollegen John Ward und Lynn Carruthers. Während meiner zweiten International Forum of Visual Practitioners (IFVP) Konferenz nahm John mich zur Seite und sagte: „Ich mag Dich so sehr, von nun an sehe ich Dich als meine Schwester an“. Nichts hätte mich stolzer machen können, als Johns adoptierte Schwester zu sein. Unzählige Gespräche, die wir innerhalb des letzten Jahrzehntes geführt haben, waren „Nahrung“ für meinen Verstand und meine Seele. Bitte werfen Sie einmal einen Blick auf seinen kinästhetischen Modellprozess, um einen Einblick in seinen brillanten Verstand zu bekommen.

Lynn Carruthers ist eine „Urgewalt“ und der Resonanzboden, dem ich am meisten Vertrauen entgegen bringe. Es war im Jahr 2005, als Lynn mich fragte: „Was wäre, wenn wir beide zusammen die Anfängerklasse bei der nächsten IFVP-Konferenz unterrichten würden?“ Diese wunderbare „Was wäre wenn“-Frage mündete in einer großartigen dreijährigen Zusammenarbeit mit Lynn. Ich danke ihr sehr dafür, dass sie mich dazu gebracht hat, meine Gedanken über diese Arbeit zu organisieren. Die Arbeitsbücher für die Workshops zu erstellen, machte mich manchmal wahnsinnig. Doch bilden diese drei Varianten der Arbeitsbücher die Grundlage für dieses Handbuch. Lynns Aufrichtigkeit und Ihre herzliche Art waren mir stets sehr wichtig.

Danke auch an Sari Gluckin und Pamela Meyer, die gleichermaßen Kunde, Mitstreiter und Freunde sind. Ich hatte das außerordentliche Vergnügen, mit beiden Frauen zwölf Jahre zusammenzuarbeiten – eine lange Zeit in der ich eine Fülle Neues lernen konnte.

Sari ist eine Meisterin der perfekten produktiven Frage und sie versteht es Ihre Facilitation-Tätigkeit mit „Design Thinking“ zu bereichern. Dank ihr hatte ich zahllose Male die Chance, Meetings Ihrer Kunden zu „mappen". Wir haben einen Weg der Kommunikation gefunden, bei der Sätze unbeendet bleiben und wir uns durch wissendes Nicken verständigen können. Ich danke Sari dafür, dass Sie Ihre Praxis so mit mir geteilt hat, dass ich daraus Stärke für meine eigene Praxis ziehen konnte.

Pamela Meyer ist ganz wundervoll in der Rolle, jeden Menschen und dessen Tun behutsam und ganzheitlich zu behandeln. Sie verschmilzt Zielorientierung und Verspieltheit miteinander, indem sie Menschen lehrt, wie aus Arbeitsräumen Spielräume werden. Unser erstes gemeinsames Abenteuer in Sachen „Selbstherausgeberschaft" erlebten wir mit unserem gemeinsam gestalteten Buch *„Permission: A Guide to Generating More Ideas, Being More of Yourself and Having More Fun at Work"* (Playspace Press, 2011). Nachdem die Layoutarbeiten zu diesem Buch etwa zur Hälfte erledigt waren, reiste ich nach Neuseeland. Eines Morgens hatte ich den äußerst lebhaften Traum **„Die Unentbehrlichen Acht"** (mehr dazu siehe Seite 182) im Format des *Permission-Buches* herauszugeben. Nach dem Aufwachen war mir klar, dass dies mein nächstes Projekt werden würde. Sieben Monate später liegt dieser wahr gewordene Traum nun vor Ihnen.

Eine kräftige Umarmung geht an meinen ehemaligen Partner Scott Forschler. Er ist der nicht visuelle Philosoph und ich bin der nicht philosophische Künstler – aber wir teilten miteinander unsere Neugierde, unsere Liebe zu lernen und über das Denken zu sinnieren. Scott's warmherziges Wesen und seine Stabilität waren eine äußerst positive emotionale Leine die mich vor dem Davonfliegen und Verbrennen bewahrt hat.

Wenn ich zurückschaue, so bin ich sehr dankbar dafür, dass ich in das Grinnell College gestolpert bin. Ich hatte keine Ahnung, was ein College wirklich bedeutet, aber die Intuition führte mich zu diesem kleinen, intensiven Campus in der Mitte von Lowa. Grinnell war die perfekte Umgebung, um meine Art des kritischen Denkens und der Unabhängigkeit zu kultivieren. Danke an Jim, Aaron, Ross, Amihan, Dan, Gwen, Shea, Kathleen und all die anderen für die andauernde Freundschaft. Ganz viel Liebe sende ich meiner liebsten Freundin Rebecca Kresse, die mich daran erinnert, dass das Leben einfach zu kurz ist. Ich werde ihre herzliche Art und ihre Ausstrahlung stets in Erinnerung behalten.

Danke auch an die MG Taylo

r Corporation für die einmalige Einsicht in die Frage, wie Menschen miteinander arbeiten – sowohl unsere eigenen Teams als auch unsere Kunden. Nachdem ich Grinnell verlassen hatte, half mir meine Klassenkameradin Kathy Clemons in einem Ernst & Young-Büro unterzukommen, wo mit Prozessen von MG Taylor gearbeitet wurde. Ich entdeckte, dass meine Liebe für das Zeichnen und Denken den Namen „Graphic Facilitation“ trug und was „zum Teufel“ ein „knowledge worker“ war. Die drei wichtigsten Lektionen, die ich in dieser Zeit lernte, waren Iteration, Prozessdokumentation und wie man Teams für eine Aufgabe einfach zusammenstellt.

Ich weiß ja, ich bin so verdammt voller Dankeschöns, aber ich möchte auch meiner Lektorin Jenni Grover Prokopy danken. Wir begannen als Freunde, die beide zur gleichen Zeit anfingen, ihre Geschäfte in dieselbe Richtung zu entwickeln. Ich danke Jenni für ihr Mitgefühl, die Kameradschaft und ihr Lektorat, das mir dabei geholfen hat, dieses Buch noch stärker zu machen.

Ich danke **Ihnen** für die Zeit, die Sie sich nehmen, dieses Buch zu lesen. Ich hoffe sehr, es versetzt Sie in die Lage, Großartiges zu vollbringen und anderen dabei zu helfen Großes zu tun.

Zu guter Letzt möchte ich ein Zitat mit Ihnen teilen, das mir Gänsehaut macht. Es stammt vom Architekten und Landschaftsplaner Daniel Burnham. Als ich es zum ersten Mal las, verband es sich sogleich mit meiner tief empfunden Liebe zu Chicago:

> Mach keine kleinen Pläne. Sie haben keine Magie, die in der Lage ist, das Blut eines Menschen in Wallung zu versetzen, und sie werden wahrscheinlich nie umgesetzt werden.
>
> Mach große Pläne, strebe nach Höherem in Deinem Glauben und Deiner Arbeit – stets mit dem Wissen, dass die großzügige Visualisierung einer Idee, sobald sie einmal zu Papier gebracht wurde, niemals sterben wird, aber lange nachdem wir gestorben sind, noch lebendig sein wird und sich selbst behaupten, mit stets wachsender Beharrlichkeit. Denk daran, dass unsere Söhne und Enkel Dinge tun werden, die uns heute wanken lassen würden. Lass Umsetzung Dein Schlagwort sein und Schönheit Dein Leuchtturm. Denke groß – Think big.
>
> *Daniel Burnham*
> *Chicago architect*
> *1846-1912*

Jahre später las ich dieses Zitat wieder und war überwältigt davon, wie sehr es sich mit meinen Erfahrungen in der Arbeit als Graphic Facilitator deckte. Über hundert Jahre, nachdem es verfasst wurde, fordert es uns auf, erneut die Leidenschaft zu wecken, natürlich auch die von Frauen, ihren Töchtern und Enkelinnen.

Lasst uns großen Plänen Gestalt geben, durch großzügige und logische Visualisierungen. Ich hoffe, diese Seiten helfen Ihnen dabei, sowohl die Ordnung als auch die Schönheit in Ihrer Arbeit zu entdecken.

Erfolgsfaktoren für Graphic Facilitation

Bevor wir tiefer ins Thema eintauchen, finden Sie hier eine Liste mit Eigenschaften, die Graphic Facilitation erfolgreich machen. Markieren Sie bitte alle, die auf Sie zutreffen.

☐ Sie haben den „Schwarzen Gürtel im Zuhören“

☐ Wenn Sie sich mit jemandem unterhalten, so fassen Sie das Gespräch regelmäßig in der Art „Ich habe folgendes verstanden...“ zusammen. Ihr Gegenüber stimmt Ihrer Zusammenfassung zu.

☐ Sie haben eine ordentliche Handschrift

☐ Sie sind unerschrocken und trauen sich zu, vor einer Gruppe zu stehen und zu zeichnen.

☐ Sie stellen Ihre eigenen Bedürfnisse in den Hintergrund, um voll und ganz der Gruppe dienen zu können.

☐ Sie haben Erfahrung im Bereich Gestaltung und verstehen etwas von Komposition. Sie können Informationen durch Platzierung, Farbe und Skalierung organisieren.

☐ Sie sind in der Lage, objektiv, „mit den Ohren eines Außenstehenden“ zuzuhören – auch wenn Sie am Thema der Diskussion ein persönliches Interesse haben.

☐ Ihnen wird nie oder selten gesagt „Sie haben mir gar nicht zugehört“.

☐ Sie können zeichnen oder werden es lernen.

- ☐ Sie können schon gut zeichnen und auch schnell.
- ☐ Wenn Sie schon zeichnen, dann verlieben Sie sich nicht in Ihre eigenen Zeichnungen.
- ☐ Sie möchten Ihre Arbeit in den Dienst anderer stellen.
- ☐ Sie sind gut darin, Verbindungen zwischen verschiedenen Punkten herzustellen.
- ☐ Sie tendieren dazu, das große Ganze – das große Bild zu sehen.
- ☐ Sie erkennen, wie Einzelteile sich zu etwas Ganzem zusammenfügen.
- ☐ Sie genießen es, darüber nachzudenken, wie Ideen organisiert werden.
- ☐ Sie lernen mit Ihren Händen.
- ☐ Sie können besser zuhören, wenn Sie schreiben oder zeichnen
- ☐ Sie mögen es, mit dem ganzen Körper zu arbeiten.
- ☐ Sie können sich auf eine Unterhaltung konzentrieren und sich in diese einfühlen.
- ☐ Sie sind multitaskingfähig. Die Vorstellung, zuzuhören, zu organisieren und gleichzeitig zu zeichnen, bereitet Ihnen kein Kopfzerbrechen.
- ☐ Sie können sich gut ausdrücken.
- ☐ Sie machen sich nicht verrückt, wenn Sie sich einmal vor der Gruppe einen Fehler machen.
- ☐ Sie sehen, wie Muster entstehen.

- ☐ Sie suchen die Gemeinsamkeiten zwischen Menschen, Ideen und Dingen.
- ☐ Sie möchten, dass Meetings produktiv sind. Sie möchten niemals die Zeit anderer verschwenden.
- ☐ Sie sind gut darin, Gruppendynamiken zu erkennen.
- ☐ Sie können gut in dynamisch wechselnden Umgebungen arbeiten.
- ☐ Sie können sich Änderungen gut anpassen.
- ☐ Sie sind selbstständig.
- ☐ Sie sind unabhängig.
- ☐ Sie sind selbstsicher und wissen, wie Sie sich selbst herausfordern können.
- ☐ Sie sind gut darin, Schlussfolgerungen zu ziehen und können Dinge im Zusammenhang verstehen.

Je mehr dieser Eigenschaften Sie markiert haben, umso wahrscheinlicher werden Sie von dieser Art zu arbeiten angezogen und sie auch erfolgreich ausüben. Viele der Fähigkeiten können erlernt werden, persönliche Eigenschaften lassen sich entwickeln. Im weiteren Verlauf dieses Wegweisers werden Sie lernen, wie all diese Eigenschaften zusammenpassen.

Die Rolle des Graphic Facilitators

Graphic Facilitation als Dienstleistung unterstützt die Arbeit einer Gruppe indem die Konversation live und in großem Format bildhaft festgehalten wird.

Sie sind ein Facilitator. Sie arbeiten im Dienste der Gruppe, um ihr Meeting effektiver bzw. leichter zu machen. Sie beobachten den Gruppen- und Kommunikations-Prozess und reflektieren den Fortschritt mithilfe von Visualisierungen.

Sie arbeiten mit Bildern. Sie gehen über das reine Schreiben von Listen auf FlipCharts hinaus. Sie können Ihre Charts durch geschickte Anwendung von Farbe, Linien und Skalierung ansprechend und aufgeräumt gestalten. Sie wenden Ihre Fähigkeiten im Denken und Organisieren an, um Informationen optimal anzuordnen, Sie nehmen Muster wahr und stellen die die entsprechenden Verbindungen dar. Sie wissen genau, wann Sie schreiben und wann sie zeichnen müssen – Bilder und Worte funktionieren wie ein Tandem.

Sie arbeiten im großen Format. Sie schreiben und zeichnen auf sehr großem Papier. Die alltägliche Arbeit spielt sich auf normalem Briefpapier oder FlipCharts ab. Wir lassen unsere Arbeit auf richtig großem Papier geschehen. Diese Arbeit im großen Format ermöglicht der Gruppe nicht nur eine bessere Einsicht, was gerade geschieht, sie ist auch Grundlage für das Entstehen einer großen Landkarte der Konversation.

Sie arbeiten live. Die Teilnehmer im Raum sehen in der Visualisierung, was sie sagen, das hilft ihnen dabei, dem Fortgang zu folgen und sich zu konzentrieren, oder zu einem früheren Punkt zurückzugehen und die Entwicklung ihrer Arbeit nachzuvollziehen.

Sie helfen der Gruppe. Ihre Arbeit besteht darin, innerhalb der Gruppe ein gemeinsames Verständnis zu schaffen. Ich habe mit Unternehmen, Non-Profit-Organisationen, Internet-Startups, Regierungsbehörden, Bildungs-Institutionen und anderen gearbeitet. Jede dieser Branchen, jeder Sektor besteht aus Menschen, die gute Arbeit leisten – die verstehen und verstanden werden möchten. Wir alle möchten eine wirklich bedeutungsvolle Arbeit haben. Wir wollen, dass unsere Meetings bedeutungsvoll und effektiv sind.

Graphic Facilitation ist ein kraftvolles Werkzeug, wenn es darum geht, Menschen das Gefühl zu vermitteln, gehört zu werden, ein gemeinsames Verständnis zu erzeugen und sie in die Lage zu versetzen, Ihre Arbeit in einer Art und Weise zu begreifen, wie es ihnen zuvor nicht möglich war.

Graphic Facilitation besteht zu gleichen Teilen aus dem Zuhören, dem Denken und dem Zeichnen.

Das Zuhören ist der Input, das Denken ist das Verarbeiten und das Zeichnen ist der Output. Zeichnen wird als der „Rockstar" angesehen. Zuhören ist der leise Held. Und keines von beiden würde etwas bewirken ohne die Bedeutung erzeugende Maschine zwischen unseren Ohren und hinter unseren Augen.

Diese drei Fähigkeiten sind gleichwertig. Im weiteren Verlauf des Buches werde ich sie hin und wieder recht deutlich daran erinnern, das Folgende nicht zu tun:

Zeichnen ist der sichtbare, erfahrbare Teil der Fähigkeiten. Viele haben Angst davor, selbst zu zeichnen, weil ihre Fähigkeiten unterentwickelt sind. Daher neigen wir dazu, diese Fähigkeit zu überbewerten. Erlauben Sie dem Zeichnen nicht, die Bedeutung des Zuhörens und Denkens in den Schatten zu stellen. Ja, Zeichnen ist wichtig. Ja, ich bin der größte Fan des Zeichnens. Ich möchte aber, dass Sie es in Zusammenhang mit Ihrer Rolle als Graphic Facilitator im richtigen Verhältnis sehen. Betrachten Sie das Zeichnen als Ihren und den Diener Ihrer Kunden. Verfallen Sie nicht seinem Zauber.

Graphic Facilitation beinhaltet:

☐ Zuhören

☐ Die Stimmung des Raumes erfassen und Gruppendynamik verstehen.

☐ Rückmeldung an den Kunden geben und Zusammenarbeit mit Facilitatoren.

☐ Den Prozesses verstehen und begreifen, wie unterschiedliche Methoden Menschen helfen, miteinander zu arbeiten. Herauskristallisieren des Kernes einer Sache

☐ Eine lesbare Handschrift

☐ Eine korrekte Rechtschreibung

☐ Schnelles Zeichnen

- ☐ Gezielter Einsatz von Farben, Linien und Symbolen, um Charts dynamisch und fesselnd zu gestalten
- ☐ Strukturierung der Informationen, die Sie hören, um sie klarer und verständlicher zu machen.
- ☐ Überführen dieser Informationen in ein zusammenhängendes, wirksames Bild
- ☐ Managen Ihrer eigenen Energie und Ihrer Konzentration, während Sie all das tun.

(...Puh...) Das ist viel auf einmal – ich weiß. Jeder von uns hat unterschiedliche Fähigkeiten und Stärken. Wenn es darum geht die Arbeit eines Graphic Facilitators zu tun, werden sich eine oder zwei davon besonders hervortun. Dann gilt es, die schwächer ausgeprägten Fähigkeiten zu entwickeln. Das Ziel ist keineswegs, in allen perfekt zu sein, sondern eine gesunde Stärkung in den Bereichen mit Defiziten. Fordern Sie sich selbst heraus, um all diese Fähigkeiten anzuwenden – um der beste Graphic Facilitator zu werden, der Sie sein können. Sie werden sehen, dass sich diese Art zu arbeiten lohnt und dieses Buch wird Ihnen dafür eine Navigationshilfe sein.

Graphic Facilitation Begriffe

Graphic Facilitator

Der das Meeting visualisiert

Der Graphic Facilitator hört der Gruppe zu, denkt darüber nach, wie er das Gehörte strukturieren kann und visualisiert es durch eine Kombination von Handschrift und Zeichnungen.

Graphic Facilitators können zahlreiche Methoden und Werkzeuge nutzen. Meist arbeiten sie live auf großen Papierbögen mit Markern. Er oder sie sollte versiert darin sein, Graphic Facilitation als Werkzeug den Bedürfnissen des Meetings anzupassen.

Graphic Facilitation wird oft auch als Graphic Recording, Scribing und Visual Recording bezeichnet.

Facilitator

Der durch das Meeting führt

Facilitators gestalten die Agendas des Meetings gemeinsam mit dem Kunden bzw. einer Planungsgruppe und sorgen für einen lebendigen Ablauf. Es kommen sowohl interne als auch externe Facilitator zum Einsatz. Grob gesagt, bezieht sich die Kompetenz des Facilitators auf den Prozess und nicht auf den Inhalt.

Sie können mit Graphic Facilitators in verschiedenen Abstufungen zusammenarbeiten – von geringer Beteiligung des Graphic Facilitators bis hin zu einer Partnerschaft im Design des ganzen Prozesses.

Manchmal übernimmt der Kunde die Rolle des Facilitators – es gibt aber auch Meetings ohne.

Kunde

Der das Meeting einberuft

Der Kunde bringt die Gruppe aus Anlass eines bestimmten Themas zusammen. Der Kunde ist die Schlüsselperson für den Erfolg des Meetings. Allgemein ausgedrückt liegt die Kompetenz des Kunden in seinem Geschäft(-smodell) begründet. Oft arbeiten sie mit Facilitators zusammen, um die richtigen Prozesse und Methoden zur Anwendung zu bringen, damit die Veranstaltung erfolgreich wird.

Wenn Sie ein externer Graphic Facilitator sind, können Sie entweder direct mit dem Kunden oder aber dem Facilitator einen Vertrag abschließen. Oft ist Ihre Kontaktperson nicht der „echte" Kunde – sondern deren/dessen Vorgesetzter. Es ist sinnvoll, die Dynamik zwischen Facilitator, Kunde und Vorgesetzen des Kunden im Auge zu behalten, um herauszufinden, wer genau was benötigt.

Gruppe, Publikum, Teilnehmer

Die, für die Sie visualisieren

Das sind die Menschen, für die Sie arbeiten. Das können theoretisch nur eine oder wenige Personen sein – und ebenso Hunderte in einem Raum. Es ist die Konversation oder Präsentation dieses/dieser Menschen, die Sie bildhaft einfangen. Es ist daher grundlegend wichtig, alle Stimmen und Perspektiven im Raum in Ihre Visualisierungen einzubauen.

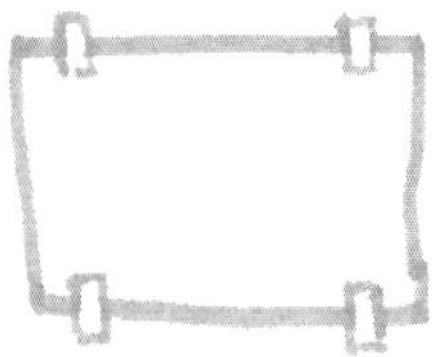

Chart, Visualisierung, Zeichnung

Die Landkarte des Meetings

Die tatsächliche Gesprächs-Landkarte oder die digitale Datei dieser Landkarte. Diese Visualisierungen sind eine Kombination aus Geschriebenem und Gezeichnetem. Idealerweise sind sie so strukturiert, dass sie den Umriss und die Muster des Dialoges widerspiegeln.

Diese Charts müssen gut lesbar und „fesselnd“ gestaltet werden. Sie unterstützen den Prozess und helfen so der Gruppe, sich auf die aktuelle Arbeit zu konzentrieren. Darüber hinaus sind sie als Produkt im Sinne eines Schnappschusses des Dialoges nützlich.

Idealerweise arbeiten Graphic Facilitator, Facilitator und Kunde zusammen, wenn es darum geht, Kopien der visuellen Protokolle so schnell wie möglich an die Teilnehmer zu versenden. Das erlaubt der Gruppe, schnell und effektiv mit Ihrer Arbeit fortzufahren.

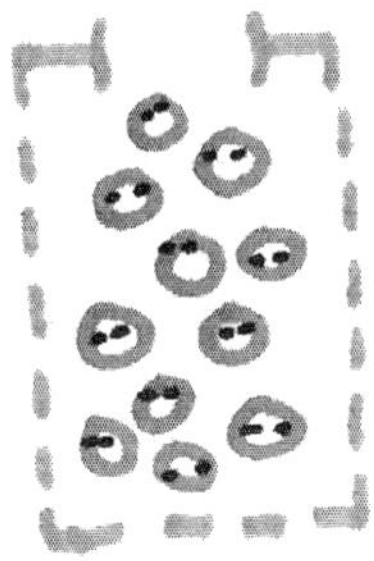

Meeting

Jegliche Zusammenkunft von Menschen, die gemeinsam ein Ziel erreichen wollen. Es gibt die unterschiedlichsten Arten von Meetings und unterschiedliche Methoden und Prozesse können zur Anwendung kommen.

Einige Meetings, wie z.B. jährliche Konferenzen können hauptsächlich aus Präsentationen bestehen. Ein einzelner Redner übermittelt Informationen. Andere Meetings wie z.B. Bürgerforen suchen nach Input aus verschiedenen (Wahl-)Kreisen. Strategische Meetings oder Brainstormings sind meist eher gesprächsorientiert – jeder kommt zu Wort. Andere Meetings wie Trainings oder Workshops sollen Fähigkeiten entwickeln.

Graphic Facilitators sollten sich verschiedenen Veranstaltungsformen anpassen können. Auch ist es gut zu wissen, was in welchen Szenarien am besten funktioniert. Ein professioneller Graphic Facilitator kann den Kunden oder Facilitator beraten, wie und wann seine Dienstleistung am effektivsten integriert werden kann.

Plenum

Der Teil des Meetings, wo die gesamte Gruppe zusammenkommt und eine gemeinsame Erfahrung teilt.

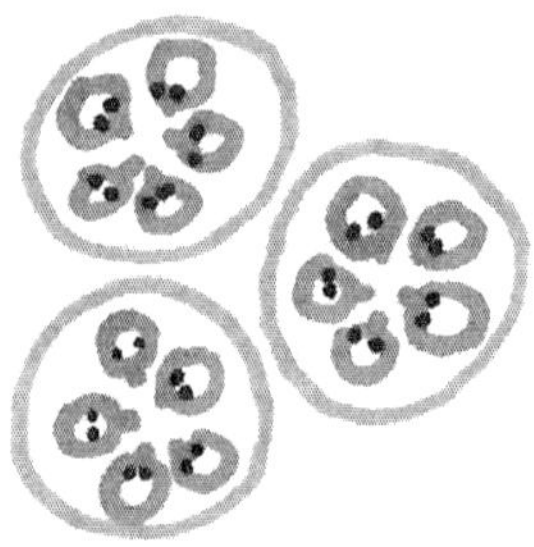

Breakout Session

„Teilmengen" des Meetings, die durch Aufteilung der gesamten Gruppe in kleine, parallel arbeitende Untergruppen entstehen...

Bericht

Die Breakout-Session endet und die Gruppe kommt wieder zusammen. Teilnehmer der einzelnen Gruppen berichten von dem, was in ihren Gruppen gesprochen wurde.

Wie Sie Ihr Können als Graphic Facilitator auch in anderen Rollen einsetzen können.

Wenn auf die spezifische Rolle eines Graphic Facilitators, dessen Funktionen und Stärken einlassen, werden Sie entdecken, welche Bandbreite Ihnen Ihr Können eröffnet.

Während dieser Wegweiser sich darauf konzentriert, wie Sie Gruppen dienlich sind, können Sie Ihre Fähigkeiten ohne weiteres auch für Ihre ganz persönliche Arbeit einsetzen. Sie können Ihre Fähigkeiten zuzuhören, zu denken und zu zeichnen so kultivieren, dass Sie Ihre persönliche Art, sich Notizen zu machen, zu lernen und zu denken weiterentwickeln.

Dieses Buch behandelt das Arbeiten live und in großem Format. Aber Sie können diese Prinzipien auch auf die Arbeit mit dem Skizzenbuch oder am Computer übertragen. Ebenso wie Sie live „auftreten", können Sie auch im Studio arbeiten.

Diese Prinzipien funktionieren bei jeder Art von Gruppenarbeit – ganz gleich, ob Sie als „Interner" oder „Externer" arbeiten – als Graphic Facilitator, Schüler, Facilitator, Team-Mitglied, Lehrer, Coach, lebenslanger Lerner oder ein „längst vergessener" Zeichner:

Sie wurden ein **Graphic Facilitator.** Nun ist Ihr Tagesgeschäft das Visualisieren von Meetings, Konferenzen und Workshops. Sie reisen mit Papier und Stiften – stets bereit, die Anforderungen Ihrer Kunden zu dienen.

Als **Schüler** haben Sie dieses Buch dazu verwendet, um sich mit Ihren Notizen in der Schule eine Bestnote zu verdienen. Sie haben das linierte Papier zur Seite gelegt und nun füllen Sie während des Unterrichts Ihre Skizzenbücher. Sie entwerfen visuelle Landkarten der einzelnen Lektionen. Die räumliche Anordnung der Informationen schafft neue Verknüpfungen, was bei der Verwendung linierten Papiers nie geschah. Sobald Sie ein Blatt Papier haben, beginnen Sie zu zeichnen. Ein weißes Blatt erschreckt Sie nicht, weil Sie bereits ein Bild der ganzen Aufgabe im Kopf haben.

Als **Facilitator** verwendeten Sie dieses Buch, um Ihre „visuellen Muskeln" aufzubauen. Wenn Sie sich nun einem FlipChart nähern, fühlen Sie sich sicherer und agiler. Sie geben Ihren Teilnehmern mehr visuelle Werkzeuge an die Hand, die sie selbst einsetzen können. Sie arbeiten, wenn erforderlich, mit einem Graphic Facilitator zusammen und verstehen es, ihre Zusammenarbeit so zu organisieren, dass Sie die besten Ergebnisse für Ihre Kunden erzielen.

Sie sind **Manager** und Sie haben dieses Buch gelesen, um bessere Meetings veranstalten zu können. In der Vergangenheit haben Sie Ideen Ihrer Mitarbeiter nicht zugelassen und nun zeigen sie ihnen, durch Visualisierung der Ideen, das Sie zuhören und verstehen. Ihr Team kann nun den gesamten Input in der Zusammenstellung erkennen und ihn aus einer anderen Perspektive wahrnehmen.

Sie sind ein **Team-Mitglied** und sie kämpfen mit einem wirklich komplexen und verzwickten Projekt. Sie wissen, das Sie durch Herumsitzen und miteinander Reden den Problem-Code nicht knacken können. Daher haben Sie dieses Buch an alle Team-Mitglieder ausgeteilt. Nun versammeln Sie sich alle, mit Markern ausgerüstet um Whiteboards, um die Feinheiten der Projekt-Zusammenarbeit visuell herauszuarbeiten.

Als **Lehrer** verwenden Sie Graphic Facilitation sowohl für sich selbst als auch als Lehrstoff für Ihre Schüler. Zusätzlich zu liniertem Papier und Computern geben Sie Ihren Schülern Marker und weißes Papier an die Hand und erweitern deren Lernmöglichkeiten. Gemeinsam erstellen Sie visuelle „Maps" der Lektionen und ermöglichen somit jedem einzelnen den Zutritt in eine neue Dimension räumlicher und visueller Intelligenz .

Sie sind ein **Coach** und arbeiten one-on-one mit Menschen. Sie haben Graphic Facilitation als Werkzeug angenommen, um Ihren Kunden zu visualisieren, wo sie gerade sind, was sie sagen und wohin sie sich entwickeln können.

Sie sind ein **lebenslanger Lerner** und sie bringen Ihr Skizzenbuch mit ins Museum oder zu Vorträgen. Zeichnen hilft Ihnen dabei, Ihre Erfahrungen sinnvoll zu Papier zu bringen. Wenn Sie sich diese Seiten zu einem späteren Zeitpunkt ansehen, fühlen Sie sich exakt in diese Zeit zurückversetzt. Sie vergessen nicht, was Sie einmal gelernt haben.

Sie sind ein **lang vergessener Zeichner**. Sie haben immer sehr gerne gezeichnet. Irgendwo auf Ihrem Weg hat Ihnen jemand gesagt, dass Sie gar nicht zeichnen könnten (oder Sie haben es sich selbst gesagt). Dieses Buch hat Ihnen dabei geholfen, Ihre Begriff vom Zeichnen breiter aufzufassen und sie haben Ihre Stifte wieder in die Hand genommen. Wenn Sie nun über eine Idee nachdenken, sehen Sie eine Vorstellung davon bereits in Ihrem Kopf, greifen sich ein Blatt Papier und bringen sie zu Papier. Sie haben nun eine neue Perspektive und können so fortfahren.

Jahre später werden Sie dieses Buch aufschlagen. Sie sehen, dass es abgenutzt und voller Markierungen ist. Und das Beste daran ist – sie werden es nicht noch einmal ganz lesen müssen, denn sie haben den Inhalt komplett verinnerlicht. Sie arbeiten dann ganz einfach so – ganz natürlich. Sie wissen, wann man das Werkzeug Graphic Facilitation einsetzt.

Eine kleine Gruppe von Menschen, die dieses Buch jetzt gerade in ihren Händen halten, tut dies, um Graphic Facilitator zu werden. Es gibt ein unglaublich großes Betätigungsfeld und viele Einsatzmöglichkeiten für Graphic Facilitators (GF) in unserer immer komplexer werdenden Welt. Es gibt hunderte von Möglichkeiten für jeden einzelnen, diese Prinzipien und Fähigkeiten im Rahmen seiner aktuellen Tätigkeit einzusetzen. Sie mögen die Uniform eines anderen Berufes tragen, aber Sie können jederzeit den „GF-Hut“ aufsetzen. (Oder noch besser: Ihre GF-Handschuhe.)

Ihre Fähigkeiten, die einer Gruppe dienlich sind, sind auch zu Ihrem eigenen Nutzen. Wenn Sie z. B. ihre Fähigkeiten des Zuhörens weiterentwickeln, werden Sie fokussierter, aufmerksamer und sie verstehen besser, um was es geht. Mit weiterentwickeltem Denken werden Sie zum „kritischen Denker“ – Entscheidungen zu treffen, fällt Ihnen leichter. Und die Entwicklung Ihrer zeichnerischen Fähigkeiten wird Ihnen ein Werkzeug an die Hand geben, mit dem Sie Ihre Ideen leichter aus Ihrem Kopf aufs Papier bringen.

Ich hoffe, Sie werden die Werkzeuge in diesem Buch für sich selbst annehmen und weiterentwickeln, sie vielleicht auf ganze neue Art und Weise nutzen, an die ich noch gar nicht gedacht habe, oder mit der ich noch gar keine Erfahrungen habe.

Dies ist Ihr „Wegweiser“

Das Feld, auf dem wir uns bewegen ist groß. Es gibt unzählige fruchtbare und nicht abgegrenzte Wege, die wir gehen können. Die meisten von uns sind Solo-Abenteurer, die nicht sicher sind, wohin die Reise sie führt. Ich möchte, dass dieses Buch Ihr „Wegweiser“ ist.

Es gibt unzählige Plätze, wo man dieser Arbeit nachgehen kann und ebenso viele Möglichkeiten, dorthin zu kommen. Dieses Buch behandelt nicht nur einen Weg, zu einem dieser Ziele, es ist keine Schritt-für-Schritt-Anleitung. Vielmehr möchte ich, dass Sie Ihren eigenen Weg finden.

Zu diesem Zweck stelle ich Ihnen in diesem Buch drei Kräfte/Stärken und 25 Prinzipien vor. Stellen Sie sich diese Kräfte wie ein Bündel von Linsen vor.

Wie ein Mikroskop: Jede Linse bringt mehr Schärfe in ein Meeting und zeigt, was zuvor nicht sichtbar war.

Wie ein Teleskop: Jede Linse erweitert die Perspektive und zeigt uns – zu guter Letzt das große Bild, das „Bigger Picture“.

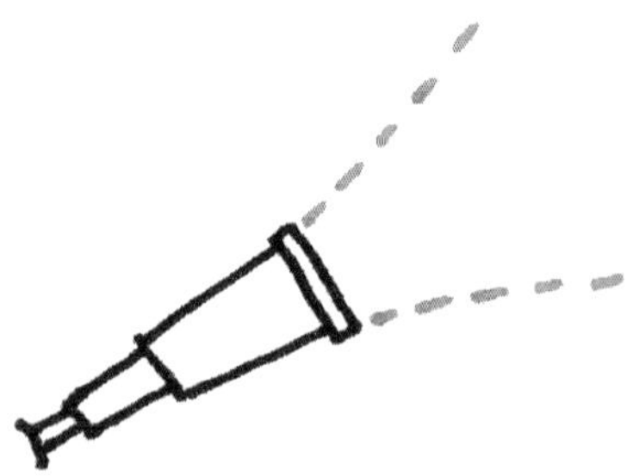

Zusammen verwendet, werden diese Linsen zu einem kraftvollen Instrument, das Sie gewinnbringend einsetzen können.

Die Prinzipien können Sie sich als Sterne am Firmament vorstellen. Lassen Sie diese Sterne Ihre Leuchtfeuer sein, Ihre Bezugspunkte, mit deren Hilfe Sie auf Ihrem Weg navigieren. Sie scheinen auf Sie herab und helfen Ihnen dabei, Ihren eigenen Weg zu finden. Sie können sich dabei auf einen einzelnen Stern konzentrieren oder aber den ganzen Nachthimmel bestaunen. Ansammlungen einzelner Prinzipien fügen sich in Form von Konstellationen zusammen. Diese Sterne sind eine Konstante – sie sind immer da – als Bezugspunkte und Begleiter.

Jedes einzelne Prinzip führt zum „Warum“ dessen, was wir tun. Die meisten enden mit einem Abschnitt „In der Praxis“, der Ihnen dabei helfen wird, sich selbst weiter zu entwickeln. Bitte nutzen Sie diese Tipps, um diese Konzepte durch eigenes Handeln besser zu verankern.

Im Laufe dieses „Wegweisers“ teile ich meine persönlichen Geschichten/Erfahrungen mit Ihnen in solchen grauen Boxen.

Ich bin Ihr „Wegweiser“

Es gibt nicht nur „den einen Weg“, diese Arbeit zu tun. Es ist essentiell wichtig, dass Sie für sich den Weg finden, wie Sie am besten arbeiten können. Wenn Sie 100 unterschiedlichen Menschen Marker in die Hand geben, um vor einer Gruppe zu dem gleichen Thema zu arbeiten, werden Sie 100 unterschiedliche Bilder erhalten. Ich möchte, dass Sie ihre eigenen, faszinierenden visuellen Landkarten erstellen. Auf dem Weg dorthin möchte ich gerne Ihr persönlicher „Wegweiser“ sein.

Ich selbst stecke unglaublich tief in diesem Thema drin. Und mich fasziniert die Möglichkeit, noch tiefer einzutauchen, um zu definieren, warum Graphic Facilitation so kraftvoll ist und wie wir noch besser damit arbeiten können. Ich werde Ihnen diese Sterne an die Hand geben, anhand derer Sie sich orientieren können, aber ich werde nicht Ihre Hand halten. Ich kann Ihnen die Prinzipien nennen und den Anstoß dazu geben dass Sie sich selbst auf die Reise begeben und herausfinden, was für Sie am besten funktioniert. Auf Ihrem Weg werden Sie manchmal provokante Aussagen von mir lesen – ich habe versucht, sie mit einer Prise Humor und Ironie bekömmlicher zu machen. Ich bin Praktikerin und keine Gelehrte. Ich kann diese Seiten nicht mit Daten und Zitaten aus der Forschung übersähen. Ich kann Ihnen aber das weitergeben, was ich weiß und, wo ich aus meiner praktischen Erfahrung weiß, dass es stimmt.

Auch wenn Sie nun meinen Schreibstil kennenlernen und Zeichnungen und Fotos von mir in diesem Buch finden werden: es geht nicht um den „Brandy Way“. Ich glaube fest daran, dass die Prinzipien dieses Buches universell angewendet werden können. Sie werden Sie zu einer effektiveren und kraftvolleren Art des Arbeitens führen. Was Sie daraus machen, und wie Sie es machen, das überlasse ich Ihnen.

Bitte verwenden Sie diesen „Wegweiser“, um Ihre eigene großartige Arbeit zu tun. Ich habe einige Zeichnungen und Diagramme erstellt, um die Prinzipien besser zu erläutern. Einige davon in meinem eigenen Stil – einige andere eher in altbekannter Form.

Picasso wird das Zitat zugeschrieben, dass „gute Künstler leihen und großartige Künstler stehlen“. Natürlich müssen wir alle irgendwo beginnen – aber wir brauchen keine „Brandy-Klone“. Ich möchte, dass Sie so einzigartig arbeiten, wie Sie sind – mit Ihrer Hand, mit Ihrer Erfahrung und mit Ihrem persönlichen Stil.

Es hat mich viel Arbeit gekostet, sämtliche Fähigkeiten zu berücksichtigen, die dieses Arbeitsfeldes umfasst. All diese Einzelteile passen zusammen und ergeben ein großes Ganzes. Ich habe die Ausführung dieses Buches (Seitenzahl und Druck in schwarz-weiß) so gewählt, um den Preis so niedrig wie möglich zu halten. Mein Wunsch ist es, dass Sie von diesem Buch lernen und mit diesem Buch lehren können. Bitte berücksichtigen Sie mein Recht am geistigen Eigentum und kopieren Sie keine Passagen ohne meine schriftliche Zustimmung. Weitere Ausgaben dieses Buches können jederzeit bei www.**neuland.com** sowie **GraphicFacilitator.com** bestellt werden.

Das Kapitel **„Diese Kräfte stecken in Graphic Facilitation"** (Seiten 39–46) können Sie als PDF kostenlos bei Neuland oder GraphicFacilitator.com herunterladen.

(Ende der Lektüre. Und nun „Zu den Waffen!")

Ich bin sicher, dass die Fähigkeiten des Zuhörens, Denkens und Zeichnens, die Sie entwickeln und ausbauen, Ihnen und den Gruppen, für die Sie arbeiten, helfen werden. Die Welt wird stets Menschen brauchen, die in der Lage sind, das Große Ganze zu erkennen, die zuhören können, Muster entdecken und Verknüpfungen erstellen. Unsere Welt ist komplex und daher ist es erforderlich, dass Sie Ihre Aufnahme- und Organisationsfähigkeiten stets weiter stärken. Wir brauchen mehr Klarheit. Wir brauchen mehr geteiltes Verständnis. Wir brauchen mehr Graphic Facilitator in dieser Welt.

Ich fordere Sie auf, ganz genau hinzuhören, kritisch zu denken und flink zu zeichnen – um große Dinge umzusetzen.

Wie Sie mit diesem „Wegweiser“ umgehen sollten

Das hier ist ein Buch. Vieles kann man aus einem Buch lernen. Graphic Facilitation passiert aber nicht in dem Bereich zwischen den Seiten dieses Buches und Ihren Augen. Es geschieht live, in Räumen voller Menschen und auf riesigen Papierbögen. Verwenden Sie dieses Buch dazu, Sie durch Ihre praktische Arbeit zu führen. Die beste Art etwas zu verstehen ist es zu tun.

Machen Sie es wertvoller. Schreiben und zeichnen Sie in dieses Buch, werfen Sie es in Ihren Moderatorenkoffer, fügen Sie Ihre eigenen Erfahrungen handschriftlich hinzu. Machen sie es zu einem echten Werkzeug.

Schaffen Sie einen Raum. Wenn Sie nicht gerade live mit Gruppen arbeiten, sollten Sie ein „Studio“ haben, in dem Sie üben können. Die beste Methode zu üben ist, im Stehen auf einem großformatigen Papier oder Block zu schreiben und zu zeichnen.

Das kann ganz einfach ein an einer Tür befestigter FlipChart-Block sein. Sie können aber auch jede freie Wand als temporäres Studio nutzen. Eine Kreidetafel oder jedes beliebige WhiteBoard. Ich selbst lebe in einem 50 Quadratmeter großen Appartement und habe zwei 1,5m breite freie Wandflächen um darauf zu arbeiten – es funktioniert!

Machen Sie es nicht zu schick – tun Sie es einfach. Arbeiten Sie groß. Arbeiten Sie stehend. Arbeiten Sie live.

Ein FlipChart ist an meiner Tür befestigt. Rechts davon hängen größere Papierbögen.

Entwickeln Sie Routine. Verfeinern Sie Ihre Arbeit und stärken Sie Ihr Selbstvertrauen, indem Sie regelmäßig üben. Es gibt unendlich viele Quellen, denen Sie zu diesem Zweck zuhören können: Videos, podcasts, Radio oder Audio-Bücher. Alles das kann Futter für Ihre praktischen Übungen sein. Gehen Sie in Vorlesungen und üben Sie in internen Meetings an Ihrer Arbeitsstelle. Weitere Beispiele, wie Sie Ihre Praxis entwickeln können, finden Sie später im Prinzip „**Fortschritt durch Übung**"

Finden Sie einen Kollegen. Wenn Sie der Typ Mensch sind, der am besten in einer Gruppe lernt – oder indem er Dinge durchspricht, dann finden Sie Gleichgesinnte, um gemeinsam mit ihnen zu lernen. Sie können alle zusammen mit diesem Guide arbeiten und Ihre Notizen untereinander vergleichen. Visualisieren Sie die selben Reden und sehen Sie, wie unterschiedlich sie eingefangen wurde. Fordern Sie sich gegenseitig heraus.

Suchen Sie nach anderen Quellen. Obwohl ich fest davon überzeugt bin, dass ich ganz sicher großartig bin, bin ich nicht die einzige Quelle, von der Sie lernen können. Sehen Sie sich nach anderen um, von denen Sie Informationen bekommen, Ratschläge oder Beispiele erhalten können. Finden Sie heraus, wer gut zu Ihnen passt – wo die Schwingungen harmonieren. Wir alle hatten Lehrer, mit denen wir gut klarkamen und andere, mit denen wir gar nicht konnten. Mein dringlichster Wunsch ist, dass Sie lernen, sich selbst durch Ihre eigene Praxis zu navigieren – ohne andere Perspektiven aus dem Auge zu verlieren.

Tauchen Sie ein. Wenn Sie eine Gruppe haben, mit der Sie arbeiten können, dann nehmen Sie Ihren ganzen Mut zusammen und springen Sie ins kalte Wasser. Das ist die beste Lehre, die Sie bekommen können.

Hier ist ein Geheimnis: Ganz wenige Menschen haben die Möglichkeit oder die Erfahrung, Ihre Arbeit zu bewerten. Graphic Facilitation ist brandneu für sie. Sie werden nicht da sitzen und denken „Scheibenkleister, ich vermisse Brandys Gesichter mit den spitzen Nasen“. Sie werden sich auf Ihre Dialoge konzentrieren und darauf wie Sie diese visuell einfangen. Möglicherweise macht Ihnen diese Vorstellung Angst, aber tatsächlich besteht ein sehr geringes Risiko – und die große Chance, dass Sie Anerkennung finden.

Kennzeichnen (taggen) Sie es. Der Gedanke, Ihr Wegweiser in diesem Buch zu sein, fasziniert mich. Es ist meine Hoffnung, dass wir alle voneinander lernen können. Bitte verwenden Sie die Kennzeichnung in der oberen rechten Ecke der Seite, wenn Sie über den Inhalt dieser Seite z.B. in sozialen Netzwerken wie Twitter, Flickr oder Facebook ins Gespräch kommen möchten

Hier sind alle tags (Kennzeichen):

GFGrole	Die Rolle des Graphic Facilitator
GFGguide	Anwendung dieses „Wegweisers“
GFGpower	Diese Kräfte stecken in Graphic Facilitation
GFGprinc	Die Prinzipien von Graphic Facilitation

Übersicht (O für Overview)

GFGO1	Gesehen werden
GFGO2	Es geht nicht um Sie
GFGO3	Content is King
GFGO4	Schnell wie ein Hase
GFGO5	Prozess vor Produkt
GFGO6	Die richtigen Werkzeuge für den Job

Zuhören (L für Listening)

GFGL1	Aufhören und Zuhören
GFGL2	Mit Ohren eines Außenstehenden zuhören
GFGL3	Nicht alle Redner sind gleich
GFGL4	Extrahieren

Denken (T für Thinking)

GFGT1	Größe der Ideen
GFGT2	In Stücke teilen
GFGT4	Verbinden
GFGT5	In Ebenen denken
GFGT6	Form des Dialoges
GFGT7	Zurücktreten und betrachten

Zeichnen (D für Drawing)

GFGD1	Jedes Zeichen hat Bedeutung	
GFGD2	Die Unentbehrlichen Acht	
	GFGD2E1	Beschriftung
	GFGD2E2	Blickfangpunkte
	GFGD2E3	Farbe
	GFGD2E4	Linien
	GFGD2E5	Pfeile
	GFGD2E6	Figuren
	GFGD2E7	Boxen
	GFGD2E8	Schattierung
	GFGD2E9	Weißraum
GFGD3	Alles zusammenfügen	

Üben (P für Practicing)

GFGP1	Fortschritt durch Üben
GFGP2	Bauen Sie Ihr visuelles Vokabular auf
GFGP3	Fordern Sie sich heraus

Im Raum

GFGR1	Ihre Anwesenheit ist kraftvoll
GFGR2	Partnerschaften eingehen
GFGR3	Gebt ihnen Marker

GFGgo	Nun ziehen Sie los und vollbringen Großartiges!

Auf Twitter können Sie z.B. posten „Ich habe einen riesigen Papierbogen „gerockt“ um mein Schreibprojekt anzupacken #GFGT1“. Oder Sie posten ein Foto eines Charts bei Flickr und fügen als tag #GFG2E3 weil Sie mit einer limitierten Farbpalette einen großartigen Effekt erzielt haben. Natürlich wird uns die Zukunft viel Neues bringen, neue Webseiten, neue Apps, überwältigende „wasweißichs“. Wenn Sie nun wissen, wie Sie Ihre Beiträge in sozialen Netzwerken taggen, können wir die Diskussion nachvollziehen, wir können voneinander lernen und uns auch besser kennenlernen. Wir werden alle besser und profitieren voneinander.

Diese Kräfte stecken in Graphic Facilitation

Graphic Facilitation ist ein kraftvolles Werkzeug. Noch einmal visualisiere ich diese Kräfte als Anordnung von Linsen. Sie helfen der Gruppe dabei, sich auf das Innerste zu konzentrieren und dabei Details, Nuancen, Dinge zu erkennen, die zuvor unsichtbar waren – wie ein Mikroskop. Geht der Fokus nach außen, dann arbeiten diese Linsen wie ein Teleskop und ermöglichen, das große Bild zu erkennen, sorgen für mehr Übersicht der Dialoge.

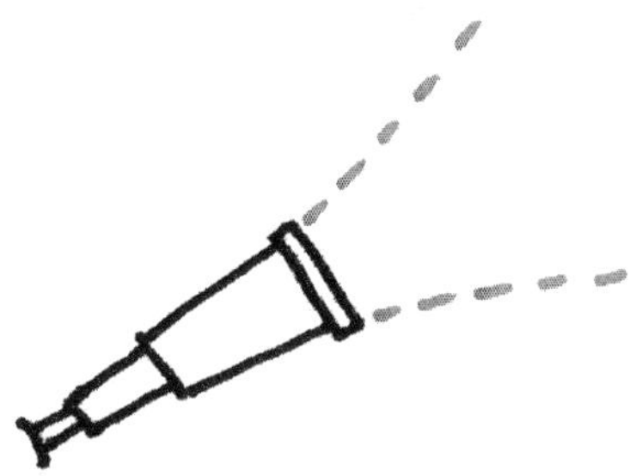

Vom einfachsten Text auf einem FlipChart bis hin zu einem mühsam erarbeiteten Wandgemälde – **die folgenden drei Kräfte sind stets vorhanden, wenn ein Graphic Facilitator eine visuelle Landkarte der Dialoge erstellt.**

Haben Sie diese Meeting-Müdigkeit auch schon kennengelernt? Sie waren in einem Meeting und dachten „Uh, warum bin ich eigentlich hier?“ Natürlich gibt es Meetings, die nur über etwas informieren sollen. Oft jedoch werden sie veranstaltet, weil man nach einem Input sucht. Möglicherweise hatten Sie das Gefühl, Ihr Input wurde nicht gehört, nicht genügend wertgeschätzt oder niemand hat darauf reagiert.

Wir alle hören im Meeting zu, aber wir tun das durch die „Filter“ unserer eigenen politischen Einstellung, unserer Absichten, des persönlichen Drucks oder der Ablenkung. Wir behalten nur einen Bruchteil von dem, was wir hören und das meiste davon hat mit unserem eigenen Verantwortungsbereich zu tun.

Ein Graphic Facilitator ist der öffentliche Zuhörer, er ist die Arbeitskraft, die dafür verantwortlich ist, alle Stimmen im Raum und alle Ideen zu sammeln und zu visualisieren. Ganz gleich, ob wir als interner oder externer Mitarbeiter mit einer Gruppe arbeiten – wir sollten mit den **Ohren eines Außenstehenden zuhören**. Der Graphic Facilitator sollte dem Dialog unbelastet von politischen Einstellungen oder Verantwortlichkeiten zuhören. Oftmals ist es gerade das mangelnde Wissen über das spezifische Thema des Dialoges, das es uns ermöglicht, die Muster innerhalb der Diskussion zu erkennen und die Ideen herauszufiltern, ohne dabei den sonst üblichen Fachjargon zu verwenden.

Der Teilnehmer eines Meetings stellt sich oft die Frage, mit welchen Beiträgen er sich am besten einbringen kann. Wenn Sie als Teilnehmer Ihre Ideen zum Ausdruck bringen, hält der Graphic Facilitator sie fest und schreibt/zeichnet sie auf ein Stück Papier. Sobald Sie sehen, dass Sie „gehört" wurden und Ihr Beitrag nicht verloren geht, sind Sie bereit, auch den Beiträgen der anderen Teilnehmer zu folgen. Sie können so viel mehr zu dem ganzen Meeting beitragen.

Die Kraft des gemeinsamen Verstehens

In der Isolation geschieht nur wenig Produktives. Wenn doch, dann wird diese individuelle Arbeit meist zu einem späteren Zeitpunkt mit anderen geteilt. Wir alle haben den Wunsch, dass unsere Arbeit sinnvoll ist. Wir wollen verstanden werden, von anderen wertgeschätzt.

Unsere visuellen Landkarten erleichtern das gemeinsame Verstehen. Wir fangen die individuellen Stimmen eines Gesprächs ein und integrieren diese in ein kollektives Bild. So werden unsere „Maps“ eine Art Mitschnitt der gemeinsamen Erfahrung des Meetings, Retreats, Workshops oder der Konferenz.

Ein Graphic Facilitator unterstützt das Verstehen durch seine/ihre Fähigkeit, die mitgeteilten Informationen zu organisieren und durch „Synthese“ zu einem großen Ganzen zu verbinden.

Diese Zeichnungen entstehen live, damit das Verstehen unmittelbar geschehen kann und die Teilnehmer auf diesem Verständnis aufbauen können. Entschuldigen Sie bitte die Phrase, aber dann sind wirklich „alle auf der selben Seite“.

Wir versammeln uns in Gruppen, um an gemeinsamen Zielen zu arbeiten. Gemeinsam können wir mehr erreichen. Die Gruppe hat ihre eigene Aufgabe, ihre eigene Identität und unterscheidet sich somit von den Identitäten und Egos der Einzelnen. Unsere „Maps" spiegeln die Identität und den Fortschritt der Gruppe.

Wenn innerhalb eines Meetings nicht in allen Punkten Konsens erzielt werden kann, so bietet die in die Visualisierung eingebettete gemeinsame Erfahrung der Gruppe die Möglichkeit, diese Arbeit zu einem späteren Zeitpunkt fortzusetzen. Darüber hinaus helfen diese visuellen Landkarten mit, gemeinsames Verständnis aufzubauen und zu Entscheidungen zu kommen.

Obwohl sich dieses Buch auf die Arbeit mit Gruppen konzentriert, können seine Ideen auch eins-zu-eins angewendet werden, um mit einer anderen Person Gedanken auszutauschen. Zwei Personen können gemeinsam an einer „visuellen Landkarte" arbeiten, um sich besser „durch Ihre Gedanken zu finden". Auch wenn Sie alleine arbeiten, können Sie diese Prinzipien dazu verwenden, um sich über Ihre eigenen Gedanken klar zu werden.

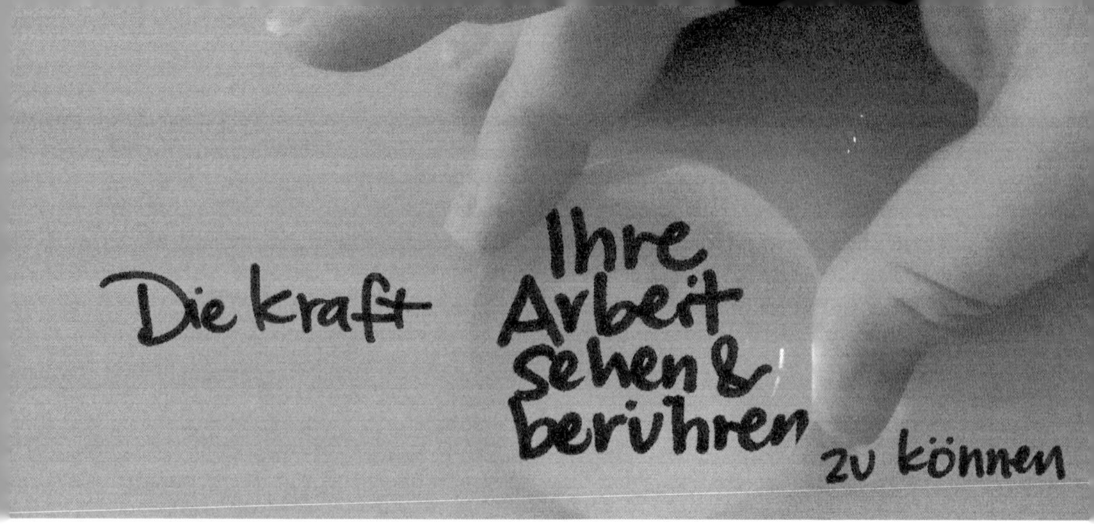

Das Sehen macht die Arbeit sichtbar, transparent. Das Berühren macht sie greifbar, konkret.

Transparenz und Verständlichkeit sind sowohl während des Meetings als auch danach sehr wichtig.

Während des Meetings kann jeder verfolgen, wie ein Gespräch Gestalt annimmt. Jeder kann die konkrete Arbeit an der visuellen Landkarte mitverfolgen. Jeder kann mit Hilfe der gut strukturierten Zeichnung Klarheit in der Komplexität des Themas finden.

Der Fortschritt der Gruppe wird in den „Maps“ visuell mitgeschnitten. Die Gruppe kann diesen Fortschritt während des Meetings nachvollziehen und später auf diesen reflektieren.

Die Anzahl der Zeichnungen wächst mit Fortgang des Meetings. Während eines Tages voller Plenar-Diskussionen kann ich durchaus vier bis fünf große Papierbögen im Maß 1,2 x 1,8 m mit Inhalt füllen. Das sind über 10 m² an visuellem Output pro Tag. Es fällt schwer, an der Produktivität dieser Meetings zu zweifeln, wenn man all die Wände mit dem Erarbeiteten betrachtet.

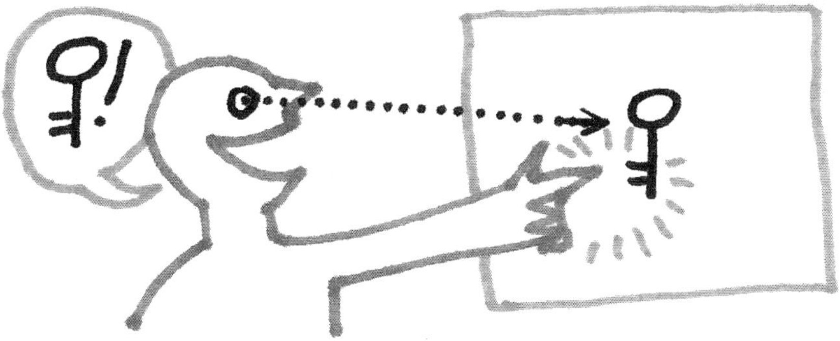

Bei Konflikten, interner Machtpolitik oder auch ganz einfach bei Missverständnissen können unsere Arbeit und unsere Ideen sinnvoll zusammenwirken. Die visuelle Landkarte fungiert dann als eine Art Mediator. Sie ist das Objekt, auf das sich alle konzentrieren können, anstatt sich mit anderen auseinander zu setzen. Vielleicht sehen Sie Jack als die Wurzel des Problems, um das es im Meeting geht. Sobald aber das Problem in der „Map" festgehalten ist, können Sie es aus einer anderen Perspektive wahrnehmen. Und dadurch – hoffentlich – mit genügend Distanz zu Jack, so dass es weniger emotional aufgeladen wird und einfacher gelöst werden kann.

Sie nehmen sich Zeit, wirbeln die Terminpläne durcheinander und reisen manchmal auch sehr weit, um an einer sehr wichtigen Diskussion teilzunehmen. Die findet statt und dann kehren Sie zurück zur alltäglichen Arbeit. Was bleibt von diesem Meeting in Erinnerung? Wie wichtig fühlt es sich an?

Wenn bei dieser sehr wichtigen Diskussion ein Graphic Facilitator anwesend war, so bleiben die entstandenen Visualisierungen als sichtbares Produkt dieses Termines. Mit diesen „Schnappschüssen“ kann Ihr Team besser verstehen, wo sie waren und was Sie getan haben. Damit sind alle besser gerüstet, um auf dem Momentum des Meetings aufzubauen und Ihre Arbeit weiter zu tun, besser zu tun.

Visuelle Landkarten sind groß, sie sind farbenfroh und sie sind fesselnd. Sie sind ganz anders als alles andere, das normalerweise an unserer Arbeitsstelle vorkommt. Sie sind erfrischend und versetzen jeden in die Lage, das eigene Meeting in einem neuen, farbenfrohen Licht zu sehen.

Am Ende einer strategischen Planungs-Session mit einhundert Betreuern eines Krankenhauses stand eine Frau auf und zeigte auf die Wand die mit den „Maps“ des Meetings gepflastert war: „Ich bin so dankbar für die Farbe an diesen Wänden und dass ich unsere Arbeit so klar und lebendig dort wiederfinden kann. Ich fühle wieder wie ein Kind und ich habe gar nicht gemerkt, wie sehr ich das vermisst habe. Ich werde etwas von dieser Farbe mit zurück zu meiner Arbeit im Krankenhaus nehmen.“

Sie war sehr emotional, als sie dies mit uns allen teilte und es hat mein Herz berührt. Schönheit ist Nahrung für uns.

Diese Kräfte sind universell

Ich habe branchenübergreifend gearbeitet, mit kleinen und mit riesigen Firmen, mit brandneuen und alteingesessenen Unternehmen. Meine Erfahrung sagt mir, das Graphic Facilitation überall dort funktioniert, wo Menschen Wert darauf legen gehört zu werden. Wo Teams einander verstehen wollen und wo Menschen Transparenz und Erfahrbarkeit ihrer Arbeit erleben möchten.

Ja, es gibt Menschen, die gar keinen Draht zur Methode haben. Wenn das die Person ist, die die Entscheidung über den Auftrag trifft, werden Sie nicht durch die Türe kommen. Aber es gibt unzählige andere Türen, mit Entscheidern, die Sie und Ihre Fertigkeiten Willkommen heißen.

Es wurmt mich, wenn ich Kollegen sagen höre „Nur Non-Profit-Organisatoren verstehen, was wir tun“ oder „Regierungsbehörden verstehen unsere Arbeitsweise nicht“. Jede Firma oder Organisation besteht aus Menschen, die verstanden werden wollen und die Ihrer Arbeit einen Sinn geben wollen. Ich unterstelle diesen Kollegen daher, dass sie nicht in der Lage waren, Ihre Rolle und deren Wert klar zu beschreiben. Es ist nicht leicht, das in Worte zu fassen und der beste Weg den Wert von Graphic Facilitation wirklich zu verstehen, ist es zu erleben. Ich konnte jedenfalls den Erfolg vieler meiner Kollegen in allen Industriebereichen und Sektoren miterleben.

Ja, Sie sollten die spezifischen Bedürfnisse und die Kulturen und Normen der Organisation Ihrer Kunden kennenlernen. Seien Sie so anpassungsfähig, zu erkennen, dass das Kollegium einer Schule etwas anderes benötigt als ein Führungsteam der Fortune 500. Aus meiner eigenen Erfahrung kann ich sagen, dass die meisten von uns mehr gemeinsam haben als uns voneinander unterscheidet. Genießen Sie die Gemeinsamkeiten und seien sie aufnahmefähig und flexibel genug, um mit den Unterschieden arbeiten zu können.

Konzentrieren Sie diese Kräfte auf Ihren Prozess

Obwohl ich davon überzeugt bin, dass jeder Kunde oder Teilnehmer Graphic Facilitation wertschätzen kann, so muss ich zugeben, dass nicht jede Veranstaltung oder jeder Prozess dafür geeignet ist. Es sind auf jeden Fall sehr, sehr viele, wo es sehr gut passt. Dieses Buch ist prozess-agnostisch. Wir könnten ein ganzes Bücherregal mit Enzyklopädien über Prozesse füllen, die visuell unterstützt werden können. Und diese Menge würde immer noch nicht reichen, jede einzelne Situation zu beschreiben. Auf diesen 315 Seiten kann ich Ihnen nicht genau erklären, wie man z.B. ein World Café oder eine Open Space Konferenz visuell begleitet.

Ich glaube, dass Sie Ihren Kunden dann am besten dienlich sind, wenn Sie sich dieser Kräfte bewusst sind und lernen, sich anhand der folgenden Prinzipien selbstständig zu orientieren.

Die Prinzipien von Graphic Facilitation

Dieses Buch ist als Wegweiser konzipiert, nicht als detaillierte „Fahranleitung“ oder „Roadmap“. Stattdessen habe ich für Sie eine Sternen-Karte mit den Prinzipien entworfen, anhand derer ich navigiere. Sie können sich bei Ihrer Arbeit entweder auf einen einzelnen Stern oder eine Konstellation konzentrieren. Sie können aber auch den ganzen Sternenhimmel betrachten. Die Prinzipien unterteilen sich in 6 Bereiche:

Überblick

Die hellsten sechs Sterne, die Ihnen am nächsten sind. Sie gelten für die Arbeit als Ganzes, nicht für eine spezielle Fertigkeit.

Zuhören

Diese vier Sterne konzentrieren sich auf den Input, den Sie sammeln, während Sie zuhören und die Gruppe beobachten.

Denken

Sechs Sterne für die Art und Weise, wie sie das Gehörte umsetzen und wie Sie die Ideen in verständliche, zusammenhängende visuelle Landkarten bringen.

Zeichnen

Ein einzelner Stern und eine Ansammlung von Sternen leiten Sie durch den Output des Schreibens und Zeichnens. Der letzte Stern bezieht sich darauf, wie Denken und Zeichnen in einer Art Synthese zusammenarbeiten.

Praxis

Drei Sterne leiten Sie durch das permanente Verfeinern und Verbessern Ihrer Arbeit.

Im Raum

Drei Sterne, die sich darauf beziehen, was im Raum geschieht und wie sie es Ihren Kunden darstellen.

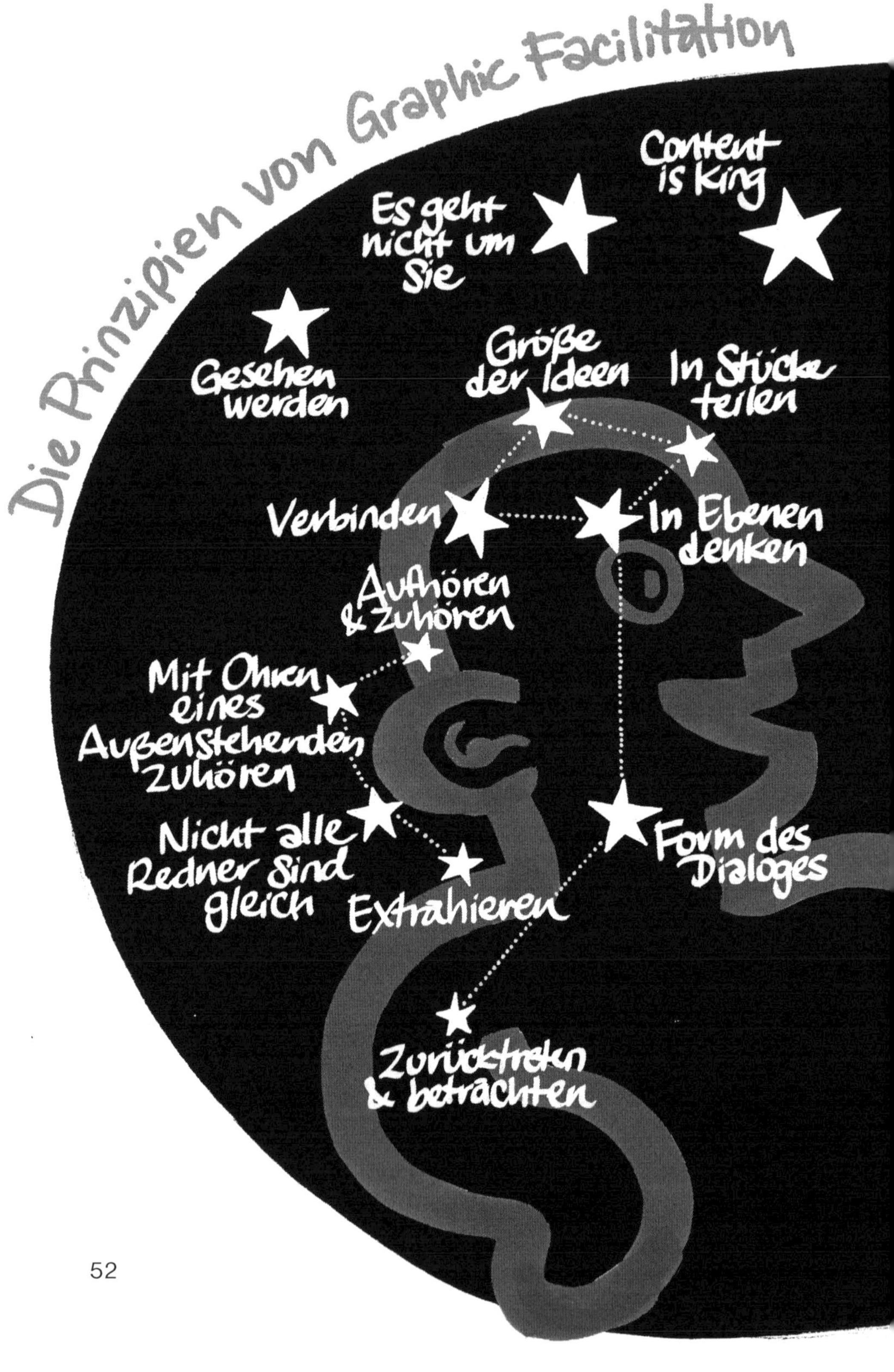
Die Prinzipien von Graphic Facilitation
Content is King
Es geht nicht um Sie
Gesehen werden
Größe der Ideen
In Stücke teilen
Verbinden
In Ebenen denken
Aufhören & zuhören
Mit Ohren eines Außenstehenden zuhören
Nicht alle Redner sind gleich
Extrahieren
Form des Dialoges
Zurücktreten & betrachten

von Brandy Agerbeck
Schnell wie ein Hase
Prozess vor Produkt
Die Unentbehrlichen Acht
Die richtigen Werkzeuge für den Job
Jedes Zeichnen hat Bedeutung
Alles Zusammenfügen
Fortschritt durch Übung
Fordern Sie sich heraus
Bauen Sie Ihr visuelles Vokabular auf
Partnerschaften eingehen
Gebt ihnen Marker
Ihre Anwesenheit ist Kraftvoll

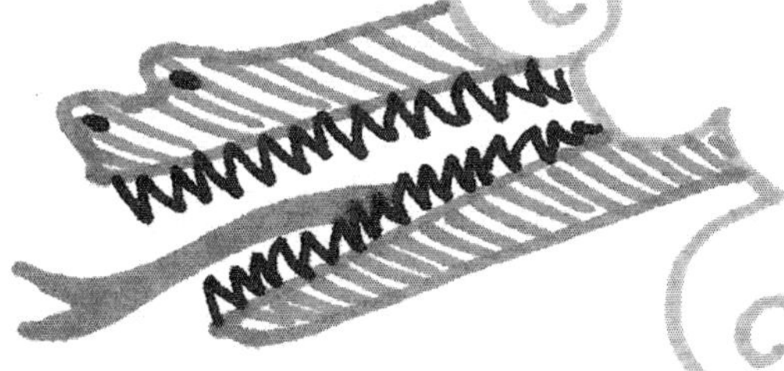

Hic sunt dracones

Sie begeben sich nun in unbekanntes Gebiet. Sie gestalten Ihre eigene visuelle Landkarte. Ich weiß, das kann beängstigend sein. Aber nur, wenn Sie einen Schritt nach vorne gehen, und vor einer Gruppe stehen, werden Sie diesen „Beruf" wirklich lernen. Sie werden Ihren eigenen Weg finden.

Obwohl Menschen schon vor Urzeiten an die Wände Ihrer Höhlen malten, und obwohl die beiden Methoden Facilitation und Graphic Facilitation ihren Ursprung bereits in den 70er Jahren nahmen, ist diese Art zu Arbeiten für die meisten Menschen etwas vollkommen Neues. Wir leben quasi in nicht kartografiertem Gebiet – an den Ecken der Landkarte. Es gibt ganz viel Unbekanntes und Kilometer um Kilometer an unbekanntem Territorium, das Sie für sich selbst noch entdecken können. Je mehr Sie entdecken, umso mehr können Sie vorausahnen und neuen Gebieten zuordnen. Ich weiß, dass die Prinzipien Sie auf einem produktiven Weg halten werden. Machen Sie den ersten Schritt. Genießen sie das Abenteuer.

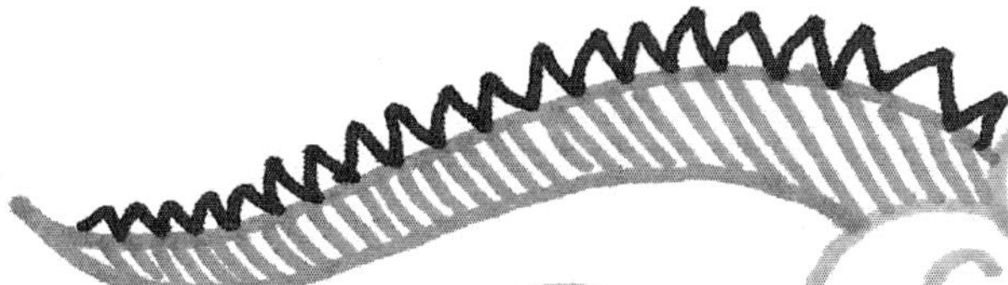

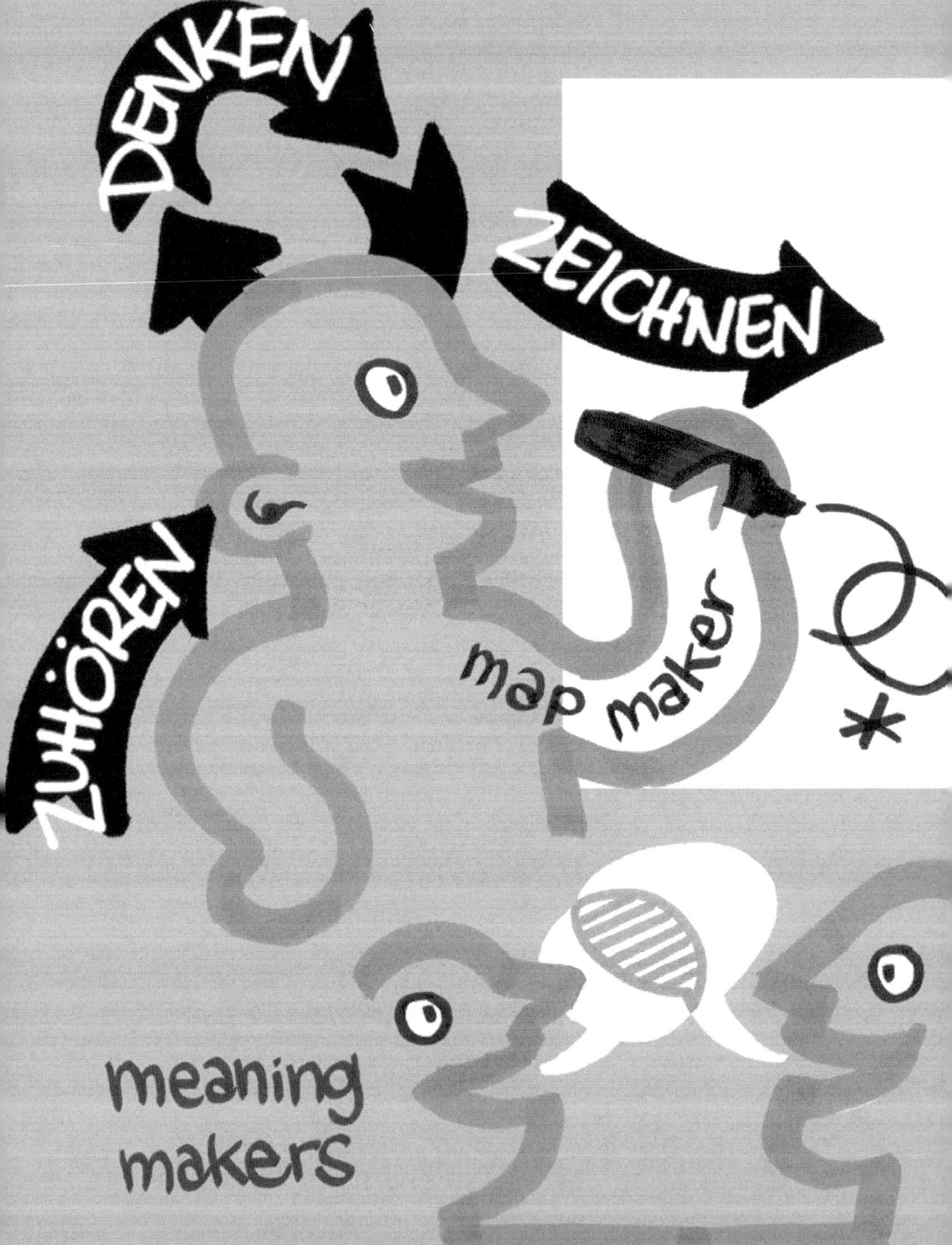

DENKEN
ZEICHNEN
ZUHÖREN
map maker
meaning makers

ÜBERBLICK
meeting maker

Gesehen werden

Lassen Sie uns mit dem Offensichtlichen anfangen. Sie müssen gesehen werden. Bringen Sie die Graphik in die Graphic Facilitation.

Graphic Facilitation bezieht ihre Kraft aus dem, was live im Raum geschieht. Es ist ein Prozess. Um möglichst effektiv zu sein, muss die Gruppe sie bei Ihrer Arbeit beobachten können und so die Entwicklung Ihrer Dialoge mitverfolgen können. Als Anfänger hören Sie möglicherweise Ihr Herz schlagen oder Ihre Knie zittern schon bei der Vorstellung, vor der Gruppe zu stehen.

Es ist einzig und alleine Ihre Entscheidung, wenn es darum geht, wie Sie arbeiten möchten. Es gibt Menschen, die arbeiten an der Seite des Raumes, am hinteren Ende des Raumes oder gar im kleinen Format an einem Tisch – in ihren Skizzenbüchern oder Laptops. Sie produzieren immer noch nützliche Bilder, aber Sie geben eine einmalige Chance auf. Die Chance, dass die Gruppe sieht, wie das Bild entsteht. Wie ihre Stimmen sichtbar werden, wie sie durch Visualisierungen unterstützt werden.

Gesehen zu werden hat etwas mit Vermittlung zu tun, mit Maßstab und Lesbarkeit. Platzieren Sie sich an der Stelle des Raumes, wo die meisten Teilnehmer Sie sehen können. Verwenden Sie Marker und Farben so, dass Sie aus der Entfernung auch wahrgenommen werden können. Schreiben Sie groß und gut lesbar. Und stellen Sie sich nicht direkt vor Ihre Arbeit –, damit die Teilnehmer sie wirklich gut erkennen können.

Sie können das Sehvermögen Ihres Publikums weder einschätzen noch können Sie es kontrollieren. Nicht jeder wird Sie zu 100% sehen. Dennoch – kontrollieren Sie alle Faktoren, die Sie beinflussen können.

Eine weitere Variable ist die Größe der Gruppe. Wenn Sie nur mit einem Dutzend Teilnehmer arbeiten, ist es leicht für jeden, Sie zu gut zu sehen. Alle können sehen, wie sie schreiben, zeichnen und mit der visuellen Landkarte interagieren. In einem Ballsaal, der mit 1.000 Leuten gefüllt ist, werden Sie wohl nur von einigen Tischen aus gut zu sehen sein.

Sie werden kaum die gleichen Wirkung auf die 1.000 Menschen haben wie bei den zwölf Teilnehmern einer strategischen Planungs-Session. Passen Sie Ihre Gegebenheiten so weit wie möglich an. So können Sie z.B. bei großen Events mit einem Videofilmer arbeiten, der Ihre Arbeit zeitgleich auf eine große Leinwand überträgt. Oder Sie präsentieren die fertige Arbeit in einem gut besuchten Bereich, wo sie in den Pausen oder während des Essens betrachtet werden kann.

In der Praxis

Gehen Sie unübersehbar nach vorn. Sprechen Sie mit dem Facilitator, Kunden oder dem Planer des Meetings über den Raum und wo Sie sich am besten sichtbar platzieren können. Wenn Sie ein Event für hunderte von Teilnehmern „mappen“, stellen Sie beim Veranstalter sicher, dass Sie genug Licht haben, auf der Bühne sein können und dass jemand Ihre Arbeit mit der Videokamera filmt.

Sorgen Sie für gute Beleuchtung. Viele von unseren Meetings finden in „höhlenähnlichen“ Räumen ohne Fenster statt, Räumen, die besser geeignet wären, Pilze darin zu züchten als mit einer Gruppe von Menschen klare Gedanken zu fassen. Und oft reicht das Licht der Strahler nicht bis zu den Ecken der Decke. Stellen Sie sich selbst „ins beste Licht“ oder arrangieren Sie Lampen, um Ihre Arbeit ins rechte Licht zu rücken.

Arbeiten Sie groß. Wir werden noch weiter auf die Frage eingehen, worauf und womit wir arbeiten, und zwar im Kapitel “Richtige Werkzeuge für den Job”. Die meisten Graphic Facilitator verwenden Papier auf Rollen, das 1,2 m hoch ist. Wir schneiden das Papier dann entsprechend der Arbeitsfläche zu. Oder wir bereiten Stücke in der Größe 1,2 x 1,8 –2,4 m vor. Es ist von Vorteil, auf Papier zu arbeiten, das größer ist als ein FlipChart, wenn wir längere Dialoge „visuell mitschneiden“. Nicht zuletzt, um wirklich alle Ideen visuell festhalten zu können.

Verwenden Sie die am besten sichtbaren Werkzeuge. Arbeiten Sie mit Markern, deren Strichstärken und Farben aus der Entfernung gesehen werden können. Verwenden Sie helle Farben nur für Highlights und Schattierungen.

Machen Sie Ihre Arbeit übersichtlich und lesbar. Arbeiten Sie an Ihrer Handschrift. Entwickeln Sie einen Zeichenstil, der einfach „zu lesen“ ist. Passen Sie die Größe Ihrer Schrift und Ihrer Zeichnungen dem Maßstab des Papiers an, der Größe der Gruppe und dem Set-Up des Raumes an.

Stehen Sie sich nicht selbst im Weg. Üben Sie, mit ausgestrecktem Arm zu schreiben, um sich nicht selbst bei der Arbeit zu behindern. Stellen Sie sich an die Seite, wenn Sie zuhören.

Ich visualisierte ein internes Strategie-Meeting mit etwa zwei Dutzend Teilnehmern. Während einer Pause ging ich an einem FlipChart vorbei, um das drei Personen standen. Sie schrieben Text und zeichneten schnelle Diagramme mit einem gelben Marker. Sie schrieben in die obere Ecke, in den Schatten des umgeschlagenen Papierbogens. Ich erschrak über die schlechte Lesbarkeit ihrer Arbeit und hatte Angst, dass es nicht gesehen werden könnte, wenn sie es vor der Gruppe präsentieren würden. Ich bot Ihnen dunklere Marker an, doch einer der Teilnehmer lehnte dankend ab, „Oh, nein, wir flüstern nur“.

Es geht nicht um Sie

Sie spielen eine wichtige Rolle in einem Meeting – aber es geht nicht um Sie.

Sie bringen sehr wichtige Fertigkeiten in diesen Raum – aber es geht nicht um Sie.

Sie tun etwas, das viele Menschen zuvor noch nicht gesehen haben. Das ist neuartig und aufregend – aber es geht nicht um Sie.

Sie mögen großzügig bezahlt werden, um diese intensive und anspruchsvolle Arbeit zu tun – aber es geht nicht um Sie.

Es geht um die Menschen im Raum. Es geht um ihre Dialoge. Es geht um ihre Arbeit.

Sie sind da, um ihnen zu dienen.

Das bedeutet nicht, dass Sie unwichtiger sind als diese Leute, ihre Dialoge und ihre Arbeit. Graphic Facilitation ist keine untergeordnete Funktion. Es geht darum, dass Sie da sind, um der Gruppe den Prozess zu erleichtern. Es geht um diesen Prozess und den Fortschritt, den die Gruppe macht. Es geht nicht um Sie – es geht darum, wie Sie die Arbeit dieser Gruppe unterstützen.

Seien Sie sichtbar. Als Graphic Facilitator stehen wir ganz vorne im Raum. Wir arbeiten auf riesigen Papierbögen. Alle Augen sind auf uns gerichtet. Das signalisiert eine bestimmte Leistungsfähigkeit, denn dieser Platz ist normalerweise für den Geschäftsführer reserviert. Oder für den Redner, Facilitator oder Trainer. Wir neigen dazu, Menschen unsere Aufmerksamkeit zu schenken, die vorne im Raum stehen.

Sie *wollen* die Konzentration der Gruppe, ihre Aufmerksamkeit, Sie wollen gesehen werden. Sie wollen all dies, weil Ihre Tätigkeit der Gruppe dabei hilft ihre Arbeit, besser zu tun. Sie nutzen Ihre Fähigkeiten dazu, eine Zeichnung anzufertigen, eine visuelle Landkarte, die das Meeting unterstützt und nach vorne bringt.

Es geht um die Gruppe. Es geht um deren Arbeit.

Das Yin zum Yan von **„Es geht nicht um Sie“** ist **„Es geht um die Gruppe“**. Sie arbeiten für die Gruppe. Und die Gruppe wird es Ihnen danken. Die Gruppe ist mit Ihnen, nicht gegen Sie. Sie wird über einen Schreibfehler hinwegsehen und Ihnen dabei helfen, wenn Sie einen Punkt nicht aufgegriffen haben. Weil Sie da sind, um ihnen zu helfen, sind diese Menschen stets gerne bereit, auch Ihnen zu helfen.

In der Praxis

Lassen Sie sich vorstellen. Sie sollten sich immer, wirklich immer zu Beginn eines Meetings vorstellen lassen. Viele werden neugierig sein und vielleicht auch etwas verunsichert, wenn sie sehen, dass da jemand steht und auf einen großen Bogen Papier schreibt. Ihre Funktion ist neu und vielen nicht vertraut. Stellen Sie heraus, dass Sie da sind, um ihnen zu helfen und laden Sie sie ein um mit Ihnen und Ihren Bildern zu arbeiten.

Ich entscheide mich stets für eine eher knappe Vorstellung wie „Hi, ich bin Brandy und ich bin ein Graphic Facilitator. Ich bin hier, um Ihre Dialoge zu visualisieren. Sobald ich anfange, werden Sie feststellen, das dies ganz viel Sinn macht. Nach dem Meeting werden Sie alle Kopien von meinen Bildern erhalten."

Gelegentlich arbeite ich bei großen, schicken Konferenzen. Da werde ich dann mit einer eher formalen Biografie vorgestellt. Und noch während ich dann Worte wie „international veröffentlicht, Jahrzehnte usw." höre, denke ich, dass ich meinen Wert und meine Erfahrung beweisen werde, sobald ich die Deckel von meinen Markern genommen habe und endlich anfange. Es geht nicht um mich und was ich erreicht habe. Es geht darum, wie ich der Gruppe helfen kann, etwas zu erreichen.

Dienen Sie. Denken sie daran, dass Sie als Dienstleister dort sind. Fragen Sie sich immer „Wie kann ich dieser Gruppe helfen?“

Lenken Sie nicht ab. Seien Sie sichtbar aber ziehen Sie nicht den Fokus von den Dialogen hin zu sich. Achten Sie auf Ihre Körpersprache. Stehen Sie still, zappeln oder laufen Sie nicht herum. Auf all diese Punkte schauen wir noch ein wenig genauer, wenn es auf Seite 300 um das Prinzip **„Ihre Anwesenheit ist kraftvoll“** geht.

Akzeptieren Sie Komplimente innerhalb des Kontextes. Seien Sie so nett und konzentrieren Sie sich auf die Arbeit. Teilnehmer werden Ihre Zeichnungen oder Ihre Handschrift kommentieren, werden überschwänglich oder gar begeistert reagieren. Das ist in starkem Maße belohnend. Ein wichtiger Grund für diese positiven Reaktionen ist, dass Sie ihnen helfen, bessere Arbeit zu tun. Verfangen Sie sich nicht im Lob der Teilnehmer, aber werten Sie Ihre Fähigkeiten auch nicht ab. Ich entscheide mich meist für eine Reaktion, die den Fokus wieder auf die Arbeit lenkt wie z. B. „Danke, es macht mich sehr glücklich, dass Sie meine Arbeit hilfreich finden“.

Content is King

Nachdem sie gerade etwas unerwartet erfahren mussten, **dass es nicht um Sie geht**, erfahren Sie nun, dass es um den Inhalt geht. Was ist Inhalt? Inhalt ist das, was während des Meetings geschieht. Es sind die Informationen, die ausgetauscht werden, die gesprochenen Dialoge, die generierten Ideen, die gefundenen Prioritäten, die getroffenen Entscheidungen oder aber die erreichten Meeting-Ziele.

Denken Sie beim Meeting an ein Behältnis, einen Container. Das Meeting findet an einem speziellen Ort statt, innerhalb einer bestimmten Zeit, mit einer bestimmten Anzahl von Teilnehmern und ihren Beiträgen. Der Inhalt ist das, was innerhalb dieses Containers stattfindet. **Content is King** – der Inhalt zählt. Ihre visuellen Landkarten sollten den Inhalt des Meetings widerspiegeln.

Wenn Sie als Graphic Facilitator arbeiten, denken Sie stets daran, dass es um den Inhalt geht – die Arbeit, die erledigt werden muss. Denken Sie darüber nach, wie Ihre Zeichnungen dabei helfen können, das Meeting voran zu bringen, es effizienter und besser zu machen.

ZIELE
INFO
PRIORITÄTEN
1
2
3
4

Sie beginnen mit einem riesigen weißen Bogen Papier. Wie können Sie sicher sein, dass Sie den Content richtig darauf wiedergeben? Hier sind einige wichtige Faktoren:

Wertschätzung von Input und eingesetzter Zeit

Von: Übermäßiger Betonung eines Beitrages gegenüber einem anderen

Zu: Alle Beiträge so zusammen aufzeigen, dass die Verbindungen und Muster erkennbar sind.

Von: Inhalt einem speziellen Redner zuweisen

Zu: Die Idee nicht dem Redner zuweisen, denn es geht um die Idee und nicht darum, wer sie hatte.

Gemeinsames Verstehen durch miteinander geteilte Ideen und Inputs

Von: Verfangen in der eigenen Zeichnung und dadurch der Unterhaltung nicht mehr folgen können.

Zu: anteilsmäßig im gleichen Verhältnis zeichnen, wie sie zuhören und denken. Dann werden Sie nicht vom Zeichnen abgelenkt.

Von: Liste unsortierter Ideen.

Zu: Gleichartige Ideen gruppieren, Verbindungen zwischen Ideen aufzeigen.

Die visuelle Landkarte spiegelt vollständig den Inhalt innerhalb des Zeitfensters des Meetings wider.

Von: Hinzufügen von Bildern oder Inhalten, nachdem das Meeting vorbei ist.

Zu: Erstellen der „Map“ live während des Meetings. Sie hören auf zu zeichnen, wenn die Gruppe aufhört zu reden. Es wird nichts nachträglich hinzugefügt.

Prioritäten sind gesetzt und Entscheidungen getroffen.

Von: Ansammlungen undifferenzierter Ideen.

Zu: Entscheidungen und Prioritäten werden durch entsprechendes Highlighting, Boxen oder separat zusammengefasste Listen klar aufgezeigt.

In der Praxis

Sprechen Sie mit dem Kunden. In einem Vorbereitungsgespräch können Sie mehr über die Ziele des Meetings erfahren, etwas über die Firmenkultur lernen und die Agenda das Meetings durchgehen. Erfahren Sie mehr darüber, wie der „Container“ des Meetings aussehen könnte und welchen Inhalt er haben könnte.

Ich habe einmal für einen Hersteller gearbeitet, der ein Meeting zur Firmenkultur in Vorbereitung hatte. Im Vorbereitungsgespräch mit der Trainerin erzählte sie mir, dass die Firma sehr gerne hörte, wenn man über die eigenen Produkte sprach, es aber gar nicht mochte, wenn über die Menschen gesprochen wurde.

Ich fragte: „Wenn der Redner in die übliche Produktrede verfällt, habe ich dann die Erlaubnis, es nicht zu zeichnen?“

„Oh, ja!” antwortete sie „Bitte!“

Bereiten Sie sich vor. Wie im Kräfte-Kapitel erwähnt, haben die meisten Menschen mehr Gemeinsamkeiten als Unterschiede. Überraschenderweise gibt es nur wenig spezifisches, was die Produkte oder Dienstleistungen unterschiedlicher Kunden angeht. Wenn Sie das wissen, können Sie sich vorher mit diesen Besonderheiten vertraut machen. Wenn Sie z.B. mit einer Spedition zusammen arbeiten könnten Sie üben, wie man einen LKW zeichnet. Fühlen Sie sich frei dies zu tun, wenn es Ihnen mehr Sicherheit gibt, so vorbereitet zu sein. Dann sind Sie offen für den Inhalt des Meetings und müssen nicht währenddessen üben, wie man einen Truck zeichnet.

Hören Sie zu, beobachten Sie, antworten und adaptieren Sie. Aufnahmefähigkeit und Anpassungsfähigkeit sind hilfreicher als Vorbereitung. Agendas werden verändert. Wenn das geschieht, müssen Sie sich dem neuen Inhalt anpassen und Ihre Vorbereitung vergessen. Halten Sie stets Ohren, Augen und Verstand offen.

Ich habe einmal ein Treffen von 300 Personen visuell begleitet, die über Bürgerinitiativen in einem Rathaus diskutiert haben.

Ich war sprachlos, dass während dieser zwei Tage zehn Personen zu mir kamen – während ich zeichnete – um mir mitzuteilen, was Sie über das Thema dachten. Sie glaubten ich hätte die Kompetenz, weil ich den Stift in der Hand hatte.

Die wahre Kraft liegt darin, ihren Input vor und mit der gesamten Gruppe auszudrücken. Dann halte ich es fest. Es würde der Gruppe nicht helfen, wenn ich Kommentare hinzufügen würde, die zuvor nicht von allen gehört wurden.

Ich bin so extrem konzentriert während der Arbeit. Diese Unterbrechungen verwirren mich. Sicherlich schieße ich dann mit meinen Augen Pfeile ab. Ich versuche dann, ganz freundlich zu sagen „Wenn Sie es im Meeting sagen, dann bringe ich es auf die Karte."

Schnell wie ein Hase

Hier sind zwei Hasen:

Dieser war in 10 Sekunden gezeichnet.

Dieser benötigte 10 Minuten, um gezeichnet zu werden.

Es gibt genug Gelegenheiten, einen 10-Minuten Hasen zu zeichnen. Bei Graphic Facilitation haben Sie dafür keine Zeit.

Wenn jemand „Hase" sagt, dann möchte ich, dass Sie eine schnelle Zeichnung eines Hasen anfertigen, die die Idee eines Hasen wiedergibt. Diese schnelle Zeichnung ist nun auf dem Papier – sie ist greifbar. Und Sie sind frei, den nächsten Ideen bei der fortlaufenden Konversation zu lauschen.

Wenn Sie einen 10-Minuten Hasen zeichnen, dann verpassen Sie 9 Minuten und 50 Sekunden von der Konversation. Natürlich könnten Sie einige der Leute aus dem Publikum mit Ihrer wirklich phänomenalen Hasen-Zeichnung begeistern. Aber andere werden bemerken, dass Sie Wichtiges übergangen haben. Und genau das wird geschehen.

Seien Sie **Schnell wie ein Hase.**

Sie arbeiten live. Es gibt keinen riesigen „Pause-Knopf", mit dem Sie die Dialoge im Raum stoppen können. Ausschlaggebend ist die Geschwindigkeit, mit der Sie arbeiten.

Wenn ich Workshops gebe, dann „mappen" wir alle denselben Inhalt eines Videomitschnitts zur gleichen Zeit. Danach frage ich dann „Na, wie hat es geklappt?"

Nummer eins antwortet: *„Es war so schnell."*

Es ist schnell.

Weil **der Inhalt zählt,** ist es in Ihrer Verantwortung, mit der Gruppe mitzugehen und nicht die Gruppe auszubremsen.

Es geht auch nicht nur um das Zeichnen von Bildern – obwohl das der Punkt ist, wo ich bei den meisten Menschen feststelle, dass sie langsam werden. Sie können tadellos schreiben, aber sehr langsam. Sie können erst mit dem Bleistift vorschreiben und die sichtbare Tinte solange aufsparen, bis Sie diese Entwürfe in Tinte nachzeichnen. Sie können so fasziniert sein von den Pastell-Schattierungen in Ihrem Chart, dass Sie sich selbst darin verlieren.

In der Praxis

Pauken Sie Geschwindigkeit. Üben Sie mit der Gewissheit, dass Geschwindigkeit wichtig ist. Arbeiten Sie daran, so schnell und leserlich wie möglich zu schreiben. Entwickeln Sie Symbole, die schnell und einfach zu zeichnen sind.

Verlieben Sie sich nicht in Ihre eigene Zeichnung. Zeichnen macht irrwitzig viel Spaß- Ich genieße es. Aber im Zusammenhang mit Graphic Facilitation ist es ganz einfach nur der Output. Und der Input, den Dialogen zu lauschen läuft parallel weiter. Sie mögen vernarrt sein in

Aber sie sind sehr langsam. **Der Inhalt zählt, „Content is King“.** Und Sie dienen dem König nicht wirklich mit diesen 3D-Schriften.

Notieren Sie den Wortanfang. Wenn z.B. jemand sagt „Die Top-Prioritäten unseres Teams sind Qualitätsprodukte, einwandfreier Kundensupport und Marktführerschaft.“ Dann notieren Sie:

Den Rest können Sie später ergänzen.

Zeichnen Sie in Stufen. Sie können schnell eine Kontur zeichnen und dann dem nächsten Punkt lauschen. Sobald die Konversation etwas „einschläft“ können Sie an diesen Punkt zurückkehren und einige Details hinzufügen und schattieren.

Machen Sie sich Notizen. Halten Sie Haftnotizen griffbereit, um sich schnell ein paar Notizen zu machen und sie später zu übertragen.

Bitten Sie um Hilfe. Die Gruppe möchte, dass Sie vorankommen. Sie wird schnell verstehen, in welcher Form Sie ihnen hilft und wird versuchen, das zu tun. Wenn Sie Hilfe benötigen, dann tun Sie das so, dass das Meeting im Fluss bleibt. Wenn Sie z.B. irritiert sind, könnte es sein, dass Sie sagen „Bitte warten Sie. Etwas langsamer bitte.“ Aber das würde eher stören. Anstelle dessen wäre es sinnvoller, genau bei den Punkten um Hilfe zu bitten, die Sie verpasst haben.

Ich bin wirklich sehr schnell, aber gelegentlich kommt es vor dass viele Punkte in schneller Folge genannt werden. Einer meiner besten Kunden versteht es sehr gut, während der Veranstaltung ein Auge auf mich zu haben. Sie ist dann so nett zu sagen „Lasst uns Brandy eine Minute geben." Ich mag das sehr, dass Sie mich im Blick behält – und die Konversation kommt dann kurzfristig zur Ruhe und es wird so leise, dass man eine Stecknadel fallen hören könnte.

Ich bevorzuge es dann, zu sagen, „Ich weiß, ich habe einen Punkt übersehen, kann mir bitte jemand helfen?" Die Menschen helfen gerne und diese Art zu fragen hilft das Protokoll aktuell zu halten.

Drücken Sie den Not-Pause-Knopf. Wenn Sie wirklich in ernsthafter Not sind, dann bitten Sie die Teilnehmer, ihre Ideen auf selbstklebenden Karten zu notieren. Die kann Ihnen dann ein Teilnehmer oder der Facilitator aushändigen und Sie können Sie an den richtigen Stellen der „Map" arrangieren und dann später abschreiben. Diese Methode funktioniert aber nur, wenn die Gruppe eine Auflistung erarbeitet – nicht aber im Rahmen einer Unterhaltung, einer Diskussion.

Ein Hinweis zu Notizen: Notizen zu kritzeln und Skizzen hinzuzufügen ist ein Weg, um etwas schnell zu erledigen. Doch dabei wird ein weiterer Schritt zu Ihrem Prozess hinzugefügt. Meine Empfehlung lautet, den Inhalt direkt umzusetzen. Verlassen Sie sich nicht allzu sehr auf „Krücken" wie Notizen, die einen zusätzlichen Prozess-Schritt erzeugen.

Prozess vor Produkt

Wir stehen vor einer Gruppe von Menschen und fertigen gigantische Zeichnungen an. Und weil wir eine „Sache“, ein Produkt gestalten, besteht die Gefahr, dass wir uns darin verlieren. Wir müssen uns auf den aktiven Part der Erstellung konzentrieren. Es geht um die Dinge im Meeting, die auf **-en** enden.

In unseren Meetings red**en** wir, wir lern**en**, teil**en** uns mit, debattier**en**, priorisier**en** und entscheid**en** – alles aktive Dinge. Als Graphic Facilitator visualisieren Sie diese Aktivitäten – sie visualisieren den Prozess. Und natürlich resultiert dies in einem nützlichen Produkt. Sie sollten den Prozess mehr Beachtung schenken als dem Produkt.

Obwohl das wissenschaftlich nicht fundiert ist, stelle ich mir folgende Gewichtung innerhalb des Graphic Facilitation vor: 80% Prozess, 20% Produkt. Ich denke, dass meine Kunden mich engagieren, um mit Visualisierungen zu unterstützen, hilfreich zu sein und nicht, weil Sie die Visualisierungen kaufen möchten, die ich erstelle.

Es ist relativ einfach, sich unverhältnismäßig stark mit dem Produkt zu beschäftigen. Dafür gibt es viele Gründe:

Zuhören ist nicht greifbar. Denken ist nicht greifbar. Zeichnen ist greifbar. Es ist leichter, sich auf den greifbaren Part zu fokussieren und diesen zu kontrollieren. Das ist die Fertigkeit, die man sehen kann.

Die Zeichnung bedeutet nichts ohne das Zuhören und Denken, was dahinter steckt. Gewichten Sie Substanz höher als Stil. Ziehen Sie zu jeder Zeit eine unschöne Visualisierung, die den Inhalt erfasst, einer schönen vor, die nichts aussagt.

Wir haben keine Kontrolle über das Meeting. Oft werden wir Zeuge von chaotischen Dialogen, Spannungen oder Konflikten. Ein ordentliches Bild zu zeichnen hilft, uns besser zu fühlen. Wir können die Zeichnung kontrollieren.

Ja, wir sind bestrebt, Klarheit in die Dialoge zu bringen. Einige Visualisierungen sind aber chaotisch, weil die Dialoge es auch waren. Nähern Sie sich dem Prozess an – auch wenn er chaotisch oder spannungsvoll ist.

Wir setzen Zeichnen mit Kunst gleich. Diese Assoziation ist nicht ganz unkritisch – sie wirft Fragen nach dem Künstler, dem Malen oder dem Gemälde auf.

Denken Sie bei diesen visuellen Landkarten an Arbeitsunterlagen und nicht an Kunstwerke.

Wir könnten der Meinung sein, wir seien für das Zeichnen engagiert worden sein, nicht für „Facilitation“. Wir möchten, dass unser Kunde mit dem Produkt zufrieden ist und so stopfen wir zu viel hinein, machen es zu schön.

Vertrauen Sie Ihrer Fähigkeit, den Prozess zu reflektieren. Arbeiten Sie nur während der Dialoge, damit Sie sich nicht zu sehr mit Feinheiten und Details beschäftigen, die nachher unwichtig sind.

Unsere Kunden sind begeistert von Graphic Facilitation und wollen das Optimale aus unserer Arbeit und dem Geld, das sie dafür bezahlt haben herausholen. Sie könnten das Produkt zu hoch bewerten und somit den Prozess behindern.

Stimmen Sie die Erwartungen mit Ihrem Kunden ab und helfen Sie ihm dabei, den Wert des Prozesses zu verstehen. Zeigen Sie ihm eine Vielfalt an Prozessen aus Ihrem Portfolio. Ermutigen Sie Ihn dazu, Sie als „Steward“ bei dieser Bilderreise zu begleiten.

Der Inhalt, den Sie aufgreifen, ist stets wichtiger als eine stylische und außergewöhnliche Visualisierung.

Wie „fertig“ ist eine Zeichnung?

Nehmen wir mal an, diese drei Zeichnungen beziehen sich auf eine Idee:

Die Zeichnung ganz links könnte zu schlampig erscheinen. Das mittlere Bild könnte, wie die „goldene Mitte“ genau das richtige sein. Es hält die Idee fest, ohne zu locker zu wirken, was den Wert der Idee verringern würde. Es ist auch nicht zu poliert oder überkandidelt, was die Idee steif und verschlossen erscheinen lassen würde.

Ja, wenn die Gruppe einen Entschluss gefasst hat, könnte das einen Ornament-Rahmen in Ihrer Zeichnung rechtfertigen. Stellen Sie sicher, wie „fertig“ ihre Visualisierung sein sollte, wenn Sie Ihr Werk tun.

Sehr detaillierte und ausgearbeitete Zeichnungen sind meist ein visueller Hinweis darauf, dass es eine endgültige Idee gibt, dass die Diskussion darüber beendet ist. Sehr oft sind die Meetings, die wir visuell begleiten, nur ein Teil eines länger andauernden Prozesses.

Die Bilder in diesem Buch waren eine echte Herausforderung. Sie halten ein fertiges Produkt, ein Buch in Ihren Händen. Sie erwarten einen gewissen Grad an Raffinesse in einem Druckerzeugnis. Ich repräsentiere einen Prozess innerhalb dieses Buches. Ich möchte, dass diese Zeichnungen schnell sind und aussehen, wie die, die ich live zeichne. Ich fand es wichtig, dass auch hier der Prozess wichtiger ist als das Produkt und so zeichnete ich auch die Bilder – schnell und direkt. Ich habe Sie auf Karteikarten gezeichnet und dann eingescannt. Ich habe sie in schwarzweiß umgewandelt und sie ins Dokument eingefügt. Nur ganz wenige von ihnen habe ich ein wenig digital modifiziert.

In der Praxis

Liefern Sie Bilder ab. Nutzen Sie das Momentum des Meetings und teilen Sie die Visualisierungen so schnell wie möglich an die Teilnehmer aus. So können sie die Bilder als Zwischenprodukte des Meetings nutzen, als Schritt innerhalb ihres Prozesses.

Werden Sie nicht zu geziert. Fokussieren Sie Ihre Energie auf den Prozess und nicht auf das Produkt. Es ist wichtig, dass Sie Ihre Visualisierung mit Datum und Namen versehen. Aber Sie müssen keine Signatur wie bei einem Ölgemälde darauf platschen. Verwenden Sie nicht Ihre ganze Pause darauf, Details oder Schattierungen in Ihr Bild zu bringen. Sonst sind Sie schlecht vorbereitet für den nächsten Teil des Gruppen-Prozesses.

Vielleicht sehen Sie all diese Details als Ausdruck Ihrer Professionalität. Um Gottes Willen – werden Sie nicht schlampig in Ihrer Arbeit – aber wenn Sie zu detailverliebt und professionell an das Bild gehen, so könnten Sie diesem mehr Betonung schenken, als dem Gruppen-Prozess.

Warum es eine Last ist, von Kunst zu reden. Wir alle kommen aus unterschiedlichen Gebieten in diesen Job. Der visuelle, künstlerische Zeichen-Part hat für verschiedene Menschen eine unterschiedliche Bedeutung. Für einige eröffnet sich eine neue artistische Seite, die sie gerne annehmen. Ich als jemand mit künstlerischem Hintergrund würde die Assoziationen mit der bildenden Kunst am liebsten loswerden, weil es darum geht einer Gruppe dienlich zu sein und nicht darum, sich selbst auszudrücken.

Sie können sich selbst und Ihre Arbeit natürlich beschreiben wie Sie möchten. Aber verstehen Sie bitte, dass Worte wie „Kunst“ oder „Künstler“ mehr dazu geeignet sind Menschen zu teilen, als Sie zueinander zu führen. Viele Menschen haben eine Menge emotionales Gepäck bei sich, wenn es darum geht, was Kunst ist und wer ein Künstler sein kann.

Ermutigen Sie zum richtigen Umgang mit den Bildern. Geben Sie die Zeichnungen den Personen, die für die nachfolgende Arbeit verantwortlich sind. Schlagen Sie vor, die Bilder an einem Ort aufzuhängen, den alle gemeinsam nutzen können. Wenn das Team „virtuell“ ist, geben Sie ihnen digitale Versionen der Charts, um damit zu arbeiten. Sie sollten mit Ihrem Kunden klären, was von Ihnen in dieser Hinsicht erwartet wird. Fragen Sie dabei stets, was das beste Produkt ist, um aufzubauen auf den Impuls des Meetings und die Arbeit, die erledigt wurde.

Eine Kollegin, die an einer Schule arbeitet, nutzte ein Arbeitstreffen für eine strategische Planung mit Lehrkörper und Belegschaft. Fünfzig von uns arbeiteten in einem Amphitheater-Klassenzimmer. Ich hängte Papier vor die Kreidetafeln vorne im Raum, sodass ich „permanente" Zeichnungen darauf anfertigen konnte.

Mitten im Training änderte die Gruppe die Agenda. Ich hatte mit der Zeichnung des Themas A begonnen. Sie entschieden sich, einen anderen Gang einzulegen und redeten ausgiebig über Thema B, kehrten dann zu Thema A zurück, das an Thema C anschloss.

Die beste Lösung schien mir, Topic A und B auseinanderzuschneiden. Das gab uns mehr Freiraum um Thema B auf dem darunterliegenden Papierbogen zu visualisieren.

Thema A klebte ich dann auf den noch weißen Bogen für Thema C.

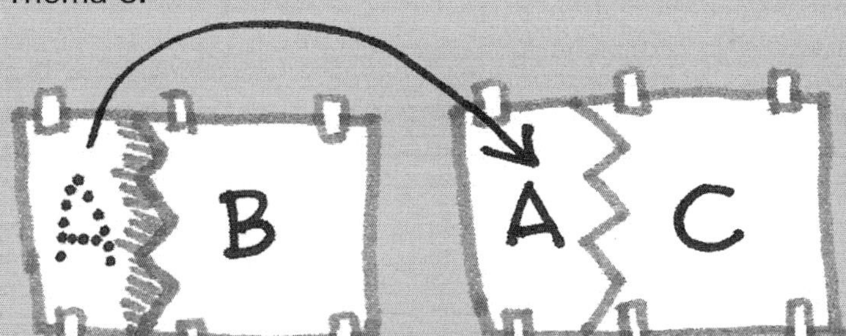

Ich machte das, während 100 Augen auf mich gerichtet waren und es war weder schnell noch schön. Und ich musste nun auf Bögen zeichnen, die an grob ausgeschnittenen Kanten zusammengeklebt waren. **Aber es war genau das, was die Gruppe brauchte, um ihre Arbeit erledigen zu können.**

Als wir mit dem Chart fortfuhren sagte ein Teilnehmer: „Das ist das echte Cut & Paste (Ausschneiden und Einfügen)".

Die richtigen Werkzeuge für den Job

Wählen Sie Ihre Werkzeuge abhängig von der Situation. Sie benötigen die „richtigen" Werkzeuge für den Job. Es ist durchaus möglich, dass Sie unterschiedliche Werkzeuge für die einzelnen Aufgaben benötigen. Der Zugang zu diesen Werkzeugen kann natürlich, je nach Wohnort oder finanziellem Budget, begrenzt sein. Weil Werkzeuge von persönlichen Präferenzen, dem Projekt und dem Zugang abhängig sind, hier nun einige Kriterien, wie Sie für sich die besten Werkzeuge auswählen können. Ich unterscheide Werkzeuge in 2 Kategorien – einmal die, worauf Sie zeichnen und dann die, mit denen Sie zeichnen.

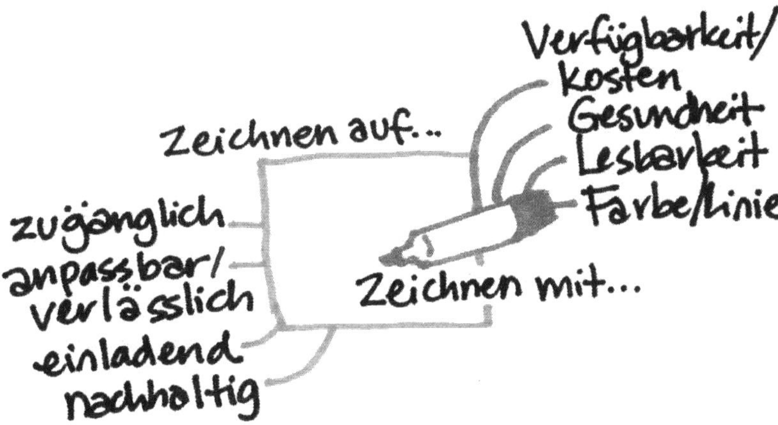

Worauf Sie zeichnen (Arbeitsflächen)

Sie können diese Arbeit auf jeder denkbaren Oberfläche ausüben – vorausgesetzt, Sie können dabei gesehen werden. Ihre Zeichnungen können temporärer Natur sein (Whiteboard, Kreidetafel) oder permanent (FlipCharts, Pinwände, Papier, Sticky Notes, Hartschaumtafeln).

Kriterien für die Auswahl der Arbeitsfläche:

Verfügbarkeit

Sie benötigen eine entsprechende Arbeitsfläche, wo und wann auch immer ein Projekt zustande kommt. Sie sollte, sowohl was die Bezugsquelle als auch die Kosten angeht, für Sie verfügbar sein. Auch die Transporttauglichkeit ist ein wichtiger Faktor, wenn Sie beim Kunden vor Ort arbeiten. Sie können dann Ihr ganzes Material mitbringen oder im Vorfeld dorthin transportieren lassen. Ich reise z.B. stets mit einer neuen Papier-Rolle die etwa einen Meter hoch und 25 Meter lang ist. Das geht per Auto, Zug und auch im Flugzeug. Und obwohl es nicht die pure Freude ist diese Rolle mit herumzuschleppen so gibt es doch Sicherheit zu wissen, dass ich Sie dabei habe.

Anpassungsfähigkeit und Zuverlässigkeit

Ihr Arbeitsmaterial muss sich den unterschiedlichen Kundenanforderungen anpassen können. Wenn sich die Agenda ändert – können Sie Ihr Werkzeug dann den geänderten Bedingungen anpassen? Ihre Fähigkeit, sich auf Ihren Kunden und seine Logistik einzustellen ist eine Stärke. Muss sich Ihr Kunde aber an Ihre Spezifikationen anpassen, so ist das für ihn eine Belastung.

Aus diesem Grund verwende ich Papier von der Rolle und schneide es nicht auf ein bestimmtes Format zu – so kann ich mich dem Raum und der Agenda anpassen.

Einladend und Partizipativ

Ihr Arbeitsmaterial ist bedeutungslos, wenn es der Gruppe nicht dabei hilft, Bedeutung zu erzeugen. Hat die Gruppe Sie im Blick? Erhalten Sie Kommentare von den Teilnehmern? Können Sie Ihr Material mit der Gruppe teilen, damit diese zum großen Bild beitragen kann? Je einladender und partizipativer Ihr Material ist, umso größer ist die Wirkung die Sie erzeugen und umso mehr Wert generieren Sie für Ihre Kunden.

Nachhaltigkeit

Als „Fan von Mutter Erde“ möchte ich, dass Sie freundlich zu Ihrer Umwelt sind. Papier ist vom Volumen relativ gering und kann recycelt werden. Einige Graphic Facilitator arbeiten stets mit Hartschaumplatten. Sie nehmen viel mehr Platz weg und sind meines Wissens nach nicht recyclebar (obwohl ich es murmeln gehört habe, es gäbe biologisch abbaubare Hartschaumplatten). Ziehen Sie die Lebensdauer Ihrer Materialien in Betracht, wie diese hergestellt werden und was mit ihnen geschieht, wenn Sie damit fertig sind.

Digital vs. Physisch

Ich bin wirklich sehr technikorientiert. Dennoch bevorzuge ich Papier und Stifte gegenüber digitalen Möglichkeiten. Die Unmittelbarkeit und die Leibhaftigkeit der großen Papierbögen sind einfach unschlagbar. Es ist eine echte Stärke, wenn Ihre Arbeit wirklich berührt werden kann. Die fertigen Zeichnungen sind groß und greifbar, sie können umher bewegt und in die Höhe gehoben werden – und sie können recycelt werden, wenn sie der Gruppe nicht mehr nützlich sind.

Immer mehr Menschen arbeiten mit digitaler Graphic Facilitation. Die Werkzeuge werden immer zuverlässiger und leichter verfügbar. Unsere Fähigkeiten zuzuhören, zu denken und zu zeichnen, sind auch bei digitalen Werkzeugen hilfreich.

Ein Wort der Warnung: Wir sehen alle Tag und Nacht auf Bildschirme. Wir sollten gut überlegen, welche davon wir ein- und welche wir ausschalten.

Es ist wirklich schon ein Novum, um einen Tisch zu sitzen **ohne** einen einzigen Bildschirm, um direkt miteinander zu kommunizieren. Dabei ist es ein Vergnügen, sich eine technologiefreie Zeit zu gönnen – nur mit einem Bogen Papier und ein paar Stiften.

Ganz nebenbei ist es wirklich schwer, ein 1 x 3 m großes Stück Papier, auf das live gezeichnet wurde, einfach auszuschalten.

Experimentieren Sie – verwenden Sie beides und beobachten Sie, wie das Publikum auf die verschiedenen Formate reagiert. Je leichter verfügbar, anpassungsfähiger, zuverlässiger, vereinnehmender, partizipativer und nachhaltiger Ihre Materialien sind, umso besser.

Eine Technologiefirma bat mich, während eines Meetings auf ein elektronisches Smartboard zu zeichnen. Nur die Marker seien ein wenig anders aber der Prozess wäre exakt derselbe. Ich stimmte zu, packte aber mein Papier und meine Marker trotzdem ins Gepäck.

Es ging so aus, dass wir das Smartboard nicht kalibrieren konnten. Ich war froh, meine Backup-Materialien dabei zu haben. Natürlich ist Papier weniger schick und auffallend – aber es ist so zuverlässig.

Womit Sie zeichnen

Kriterien für Zeichenwerkzeuge:

Verfügbarkeit und Kosten

Wie einfach ist es für Sie, die Marker in Händen zu halten? Wie teuer sind sie? Wie lange halten sie? Sind es Einwegstifte oder sind sie nachfüllbar? Wenn Ihnen irgendein Trottel die Marker stiehlt (was mir schon passiert ist), wie einfach sind sie zu ersetzen?

Ich entscheide mich für Marker von einer Quelle, aber sie sind kostengünstig und nachfüllbar. Ein Kollege entschied sich für Marker einer kommerziell sehr populären Marke. Es gibt sie quasi überall zu kaufen. Sie sind billig und er stellt sie seinen Kunden in Rechnung. Und der Kunde behält sie, nachdem er fertig ist. Eine andere Kollegin lässt Papier und Marker auch zurück, um der Gruppe die Möglichkeit zu geben, ihre Arbeit fortzusetzen.

Gesundheit

Sind Ihre Marker ungiftig, wasser- oder alkoholbasiert? Wie wirken sich die Dämpfe auf Ihr Wohlbefinden aus?

Gerade bei diesem Punkt bin ich sehr leidenschaftlich. Während meines vierjährigen Studiums bekam ich die physischen Schäden durch Einfluss von Säuren, Tinten und Löse- und Treibmitteln zu spüren. Nun ist nicht jeder ein Kanarienvogel in der Kohlemine, aber ich möchte, dass „all Ihr wunderbaren Geschöpfe“ so lange wie möglich gesund bleibt. Denken Sie daran, dass Sie diese Marker in der Nähe Ihres Gesichtes halten, während Sie da stehen und zeichnen. Ihr Gehirn lebt hinter diesem Gesicht, ihre Lungen darunter. Passen Sie gut auf sich auf!

Farben und Linien

Haben Sie das Farbspektrum, das Sie benötigen? Haben Sie eine Kombination aus dunklen Farben für den Inhalt und hellen Farben für Verbindungen und Highlights? Ermöglicht Ihnen der Marker die Linien, die Sie brauchen? Grundsätzlich gibt es drei Kategorien von Markern: Keilspitze, Rundspitze und Pinselspitze. Wir werden später weiter ins Detail, zu den Linienarten, gehen.

Lesbarkeit

Testen Sie Ihre Marker. Schreiben Sie ein Alphabet. Prüfen Sie die verschiedenen Linienstärken. Wiederholen Sie das mit allen Farben. Nun treten Sie einen Schritt zurück und sehen sich das Ergebnis an. Ist ihre Arbeit aus Sicht des Teilnehmers lesbar? Auch von der anderen Seite des Raumes?

Genießen Sie es, Ihre Marker zu testen. Seien Sie sich sicher, was sie für Sie tun, aber auch, was sie Ihnen antun können.

In der Praxis

Testen und vergleichen Sie. Versuchen Sie, eine Auswahl verschiedener Werkzeuge zu bekommen. Prüfen Sie, wie Sie damit zurechtkommen. Entscheiden Sie, welche am besten zu Ihrem Prozess und Ihrem Stil passen.

Arbeiten Sie mit Ihrem Werkzeug. Experimentieren Sie und finden Sie heraus, welche Optionen Ihnen die gewählten Werkzeuge bieten. Sie sollten sich mit Ihren Materialien sicher fühlen.

Treffen Sie eine Auswahl. Entscheiden Sie sich für unterschiedliche Werkzeuge, die unterschiedlichen Projektanforderungen gerecht werden.

Arbeiten Sie nach der Campinglatz-Regel. Verlassen Sie Ihren Arbeitsplatz beim Kunden stets so, wie Sie ihn angetroffen haben, Hinterlassen Sie niemals Tintenflecken an Wänden oder dem Teppich. Verwenden Sie Klebeband, dass die Wand intakt lässt, wenn Sie das Klebeband entfernen. Räumen Sie hinter sich auf.

Als ich anfing wurde mit Whiteboardmarkern an trocken abwischbaren Tafeln gearbeitet. Da es schnell zuging, musste ich lernen, auch schnell zu zeichnen (einige würden sagen „schnell wie ein Hase"). Die Oberfläche der Whiteboardtafeln machte es sehr schwer meine Visualisierungen mit den damals aktuellen digitalen Kameras zu fotografieren. So mussten wir jede einzelne Map noch einmal neu zeichnen. Ich habe es sehr geschätzt, dass mich die Arbeit auf diesen Oberflächen gelehrt hat, mich auf Linien zu fokussieren. Aber haben Sie schon einmal versucht an einer solchen Tafel eine Fläche auszufüllen? Sisyphus-Arbeit! Auch mochte ich die Dämpfe nicht und die Tatsache, dass die Stifte schnell austrocknen.

Als ich dann begann, selbständig zu arbeiten entschied ich mich für 4-Fuß große Papierrollen und Mr. Sketch Marker. Mr. Sketch Marker sind in USA sehr einfach zu finden – sie sind ungiftig und sie haben wirklich kräftige Farben. Zu dieser Zeit hatten sie eine perfekte Keilspitze und ich nutzte sie für eine ganze Dekade.

Der einzige Nachteil war, dass ich wirklich eine Menge von Ihnen verbrauchte. Ein Kollege stellte mir dann Neuland-Marker vor. Sie hatten all die guten Eigenschaften von Mr. Sketch – und sie konnten nachgefüllt werden. Nun musste ich meine Werkzeuge nicht mehr wegwerfen und ersetzen. Als Bonus brachte Neuland den BigOne heraus, der eine doppelt so dicke Linie wie ein Mr. Sketch machte. Dafür musste ich zuvor stets zwei oder drei Linien nebeneinander zeichnen.

Ich bin den Neulands wirklich sehr verbunden. Und ich bin stolz wie Oskar, dass meine Arbeit sich auf dem Cover des 2011/2012er Kataloges befindet.

Natürlich riskiere ich nun, dass ich mich wie ein Promotion-Band anhöre. Aber ich möchte gerne die Information mit Ihnen teilen, wie sich meine Werkzeuge im Laufe der Zeit verändert haben und damit gleichzeitig die am meisten gestellte Frage meiner Kollegen beantworten.

Arbeiten Sie mit gebotenem Fleiß daran herauszufinden, welche Marker für Sie die Besten sind.

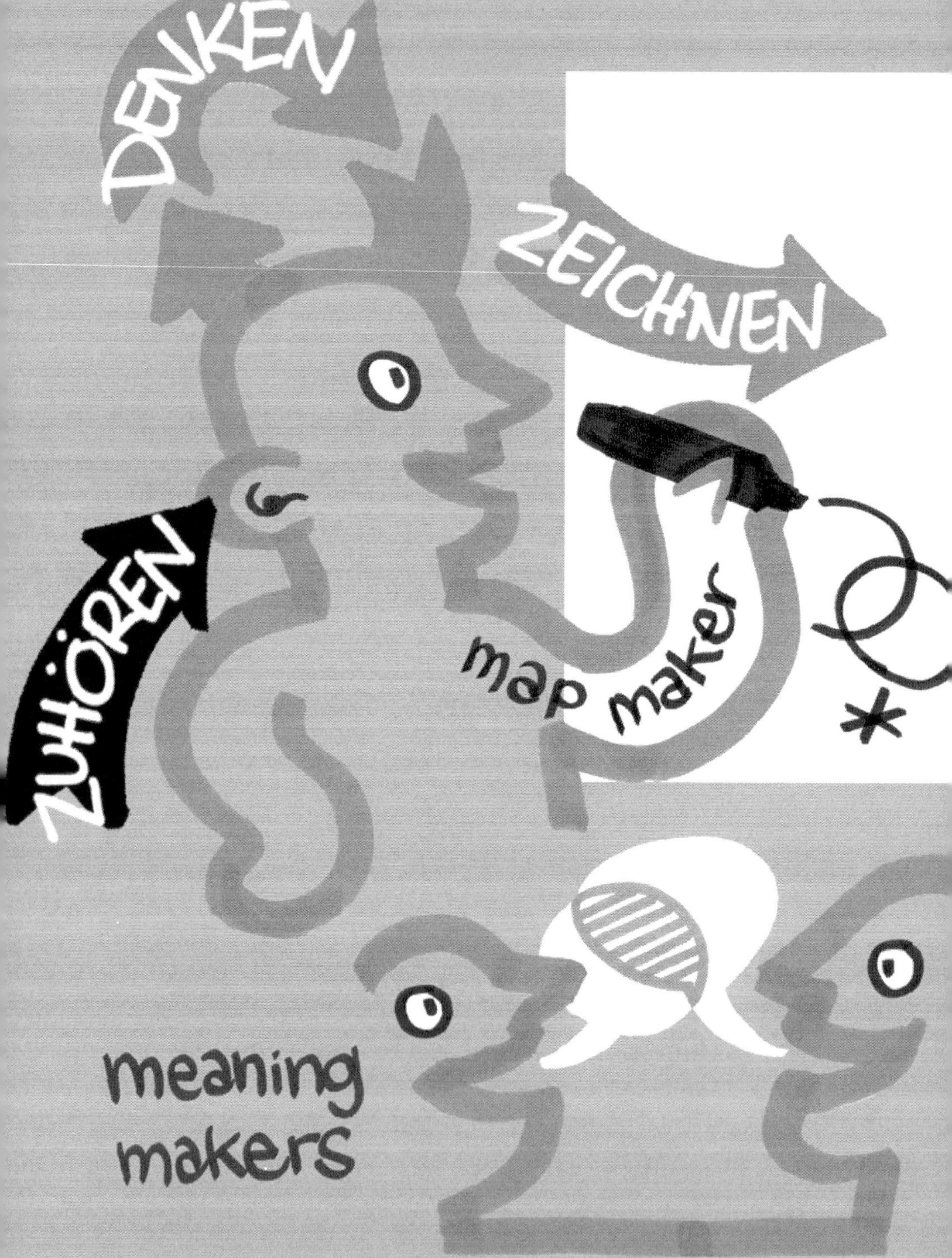
DENKEN
ZEICHNEN
ZUHÖREN
map maker
meaning makers

ZUHÖREN
?
meeting maker
*

Aufhören & Zuhören

Wir arbeiten intensiv an der Live-Erstellung von Charts. Dabei glauben viele, dass es erforderlich sei, Non-Stop zu visualisieren. Aber Sie können, nein, Sie sollten auch pausieren und zuhören. Das hilft Ihnen dabei, es ruhiger anzugehen und es gibt Ihnen die Zeit zum Denken.

Die Geschwindigkeit hängt ab von der Art des Meetings oder des verwendeten Prozesses. Wenn als Ergebnis eines Brainstormings in einer Gruppe eine Liste von Ideen entsteht oder zehn Teams nach einer Breakout-Session Ihre Berichte abliefern – dann werden Sie sicherlich nonstop schreiben und zeichnen. Wenn Ihnen jemand eine Geschichte erzählt, können Sie sehr wohl pausieren, um den Sinn der Erzählung zu erfassen. Pausieren und Zuhören funktioniert bei einigen Meetings einfacher als bei anderen.

Wenn Sie pausieren um zuzuhören, bedeutet das auch, dass Sie sich der Gruppe zuwenden können. So können Sie diese auch beobachten, während Sie zuhören. Wenn Sie die Reaktion einer Gruppe auf einen Kommentar, eine Geschichte oder Idee beobachten können, so ist das sehr hilfreich, wenn es darum geht, das bildhaft umzusetzen. Zum Beispiel könnte die Chefin folgende wichtige Aussage treffen:

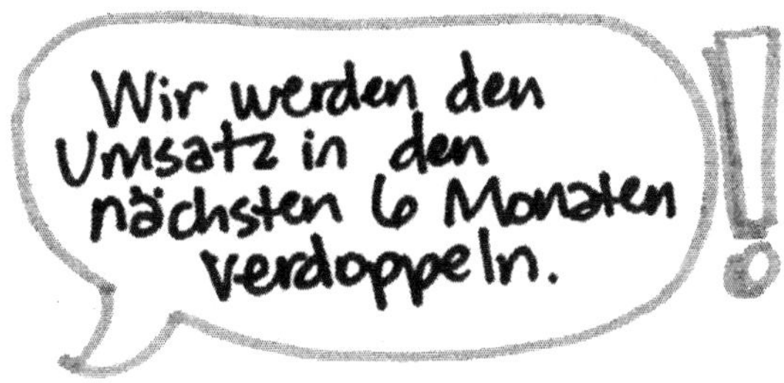

Sie ist der Boss. Es hört sich wichtig an. Wenn Sie ihr nur zuhören, könnten Sie zu dem Entschluss kommen, dieses erklärende Statement wie folgt darzustellen.

Stellen Sie sich nun vor, dass die Chefin diese Aussage trifft und Sie die Reaktion der Gruppe beobachten. Wenn Sie überwiegend zustimmende Reaktionen und nickende Köpfe sehen, stimmt die Gruppe der Chefin zu. Das dicke, fette und zentrale Bild reflektiert sowohl die Aussage, als auch die Reaktion darauf.

Wenn Sie aber beim Beobachten überwiegend skeptische Blicke, Zweifel und Verwirrung feststellen, gibt es keine Übereinstimmung zwischen dem Redner und der Gruppe. Das bedeutet keinesfalls, dass der Redner unrecht hat. Es bedeutet eventuell nur, dass die

Gruppe noch nicht so weit ist. Das massive und zentrierte Bild würde hier nicht stimmen. Zeichnen Sie stattdessen lieber etwas wie das:

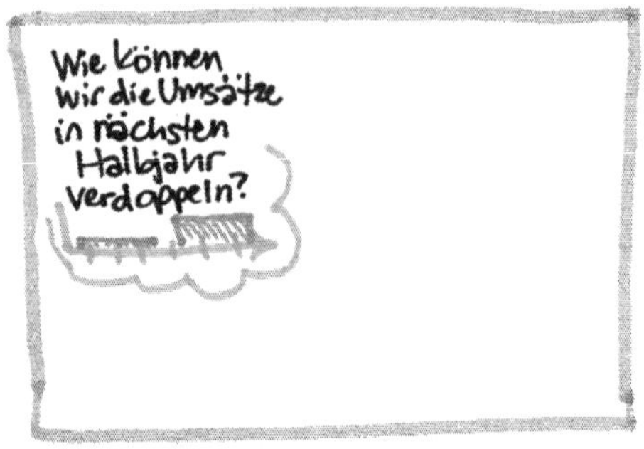

Das fängt das Statement der Chefin ein, drückt aber auch den Zweifel aus und lässt der Gruppe so den Raum, das Thema zu diskutieren, um Übereinstimmung zu erzielen.

Sobald Zustimmung erreicht ist, können Sie die Schlüsselaussage in großen Buchstaben erneut wiedergeben. Somit verstärken Sie das gemeinsame Verständnis der Gruppe.

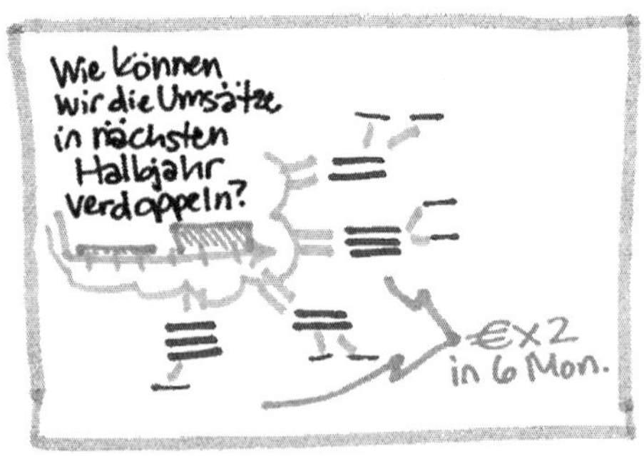

In der Praxis

Verhalten Sie sich ruhig. Hören Sie still und leise zu. Behalten Sie die Gruppe im Blick, während sie zuhören. Beobachten Sie den Redner, während die Gruppe Rückmeldung gibt.

Lernen Sie sich anzupassen. Mit der Zeit werden Sie die unterschiedlichen Geschwindigkeiten verschiedener Arten von Meetings und Teilen daraus kennenlernen. Lernen Sie, wie die Geschwindigkeit eines Brainstormings in Lichtgeschwindigkeit Ihre Finger über das Papier fliegen lässt, während eine Rede oder eine tiefgreifende Diskussion Ebbe und Flut hat.

Bleiben Sie ruhig und zeichnen Sie weiter. Gerade, wenn Sie ganz neu mit dem Job beginnen, ist es Ihr gutes Recht, wenn Sie eher mehr schreiben und zeichnen. Es kann einfacher für Sie sein, wenn Sie im „Mitschneide-Modus" bleiben, wenn Sie unsicher sind. Anfänger könnten in eine Art Lähmung verfallen, wenn Sie das Zeichnen unterbrechen. Aber sobald sich die anfängliche Unsicherheit gelegt hat, ist es in Ordnung, wenn Sie leise sind, aufmerksam und nicht zeichnen, während Sie auf den nächsten Punkt warten.

Wenn Sie feststellen, dass eine Zeichenpause Sie verunsichert, sollten Sie sich nicht daran festbeißen. Nehmen Sie es ruhig zur Kenntnis und hören Sie weiter zu.

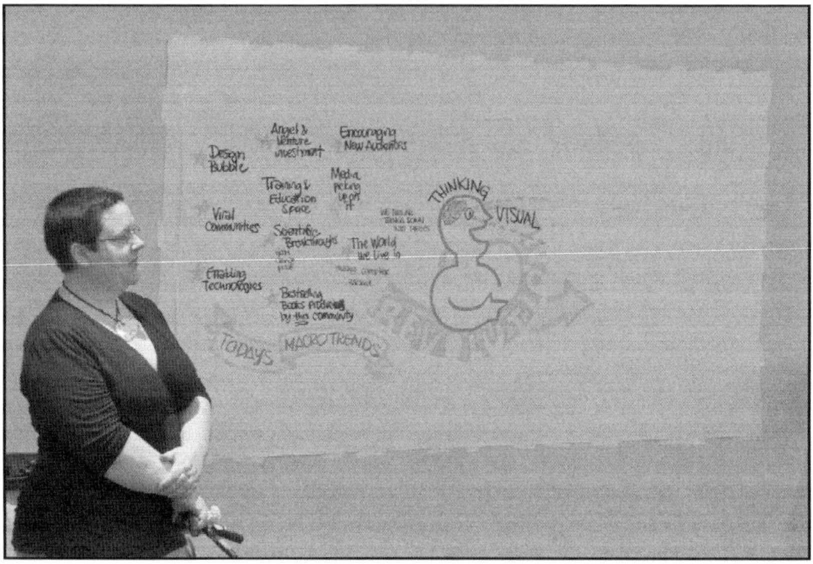

Beobachten einer Podiums-Diskussion. Die linke Seite des Charts zeigt die Einführung des Moderators, die den Kontext der Diskussion wiedergibt. Ich stehe ruhig und aufmerksam da, während die Diskussion fortschreitet.

Um zuhören zu können, müssen Sie hören können.

Bei einem Event mit einer Beratungsfirma, deren Innovations-Zentrum aus einem fensterlosen Raum mit Metall-Möbeln bestand, gab es so wenig Holz- oder Stoff-Flächen, die Schall schlucken konnten, dass der Schall wie ein Ping-Pong-Ball durch den Raum sprang. Das war wirklich eine harte Zeit für mich, denn es war sehr schwer, der Diskussion zu folgen, da die Klangqualität so schlecht war.

Der Boss war ein Mann, der es mochte, dazustehen und zuzuhören. Dabei zappelte er herum und klimperte mit dem Kleingeld in seiner Hosentasche.

Ich stehe auch gerne, bewege mich dabei und habe gerne etwas Greifbares in meinen Händen, während ich zuhöre. Aber das war wie ein nervendes Ticken in einem Raum mit schlechter Akustik.

Ich näherte mich dem Mann und flüsterte „Es fällt mir sehr schwer, ihre Münz-Jonglage akustisch herauszufiltern". Er entschuldigte sich und hörte damit auf. Kurz. Dann fing er wieder damit an. Er war sich gar nicht bewusst, dass er es tat.

Seien sie sich darüber im Klaren, dass es absolut in Ordnung ist, alles daran zu setzen, damit Sie einfacher und besser zuhören können. Teilnehmer werden schnell feststellen, dass es Ihnen nicht darum geht, sie zurechtzuweisen, sondern nur darum, Ihre Arbeit so gut wie möglich zu tun.

Meist passiert so was, wenn mehrere Menschen auf einmal reden. Oder wenn sich jemand nebenher unterhält. Diese Nebenher-Redner werden Sie natürlich mit bösen Blicken bedenken, wenn Sie Ihnen ein „Pssst" zurufen. Aber es werden stets mehr Menschen sein, die verstehen, dass Sie angestrengt versuchen zuzuhören.

Wenn Sie Kontrolle über die Raum- oder Platzauswahl haben, wählen Sie Räume, die nicht zu groß und hallig sind. Die Räume sollten nicht größer sein als erforderlich. Gepolsterte Stühle und Teppichboden helfen ebenfalls dabei, den Schall zu schlucken. Knetmasse oder Pfeifenreiniger sind fantastisch für kinästhetische Denker, um damit herumzuspielen. Und: sie machen keine zusätzlichen Geräusche.

Mit Ohren eines Außenstehenden zuhören

Ein grundlegender Aspekt unserer Rolle ist die Tatsache, dass wir außerhalb der Gruppe stehen, um der Gruppe zu dienen. Wir können die Gruppe als Ganzes sehen und sind nicht durch (firmen-) politische Aspekte vorbelastet. Das ist Gold wert.

Wir hören mit den Ohren eines Außenstehenden. Wir beobachten und registrieren die Dynamiken eines Meetings. Wir hören allen gleichermaßen zu – ohne das Gewicht einer Idee an der Rolle der Person zu orientieren. Während wir die Politik der Gruppe kennenlernen, sollten wir uns nicht dazu hinreißen lassen, uns auf die eine oder andere Seite zu stellen.

Zu dem Zeitpunkt, an dem dieses Buch geschrieben wurde, sind die meisten Graphic Facilitator eher unabhängig und gehören nicht zu den internen Ressourcen von Firmen oder anderen Organisationen. Aber auch die internen GF arbeiten üblicherweise abteilungsübergreifend. Mit der Zeit wird sich das verändern, denn diese Rolle wird immer populärer. Dann wird es Personen geben, die die entsprechenden Fähigkeiten für den Einsatz innerhalb der eigenen Organisation entwickeln.

Mit den Ohren eines Außenstehenden zu hören ist ein kritischer Punkt.

Warum ist das so? Natürlich wissen Sie, wer der Boss ist und welche anderen Personen im Raum Führungspositionen haben. Aber stellen Sie deren Aussagen nicht wichtiger dar, als die der anderen Teilnehmer. Sie mögen Ihre eigenen Werte oder Punkte haben, an denen Sie festhalten. Zum Beispiel könnten Sie die Umwelt lieben. Wenn Sie dann einem Kunden zuhören, der über Nachhaltigkeit redet, sollten Sie es trotzdem in Proportion zum Gesamtdialog visualisieren und nicht größer oder „wichtiger", nur weil Sie diesbezüglich vorbelastet sind. Sie könnten durchaus eine kontroverse Meinung zu einer vorgeschlagenen Strategie haben – aber sie sollten diese nicht in die Arbeit einfließen lassen. Ihre Arbeit muss wiedergeben, wie die Strategie diskutiert wurde, nicht wie Sie denken, dass es sein sollte.

Es ist wichtig zu unterscheiden: Alle Redner, alle Stimmen sind gleichwertig. Dennoch haben nicht alle Ideen das gleiche Gewicht. Sie bringen einen Mehrwert ins Meeting, indem Sie allen zuhören und dabei helfen die Ideen zu organisieren. Sie gruppieren die Ideen, verbinden Sie miteinander und nutzen den Maßstab, um große und wichtige Ideen und Themen herauszuheben. Verwenden Sie einen kleineren Maßstab für unterstützende Ideen und Details. Wir werden in dieses Thema noch tiefer im Kapitel „Denken Sie in Stufen" einsteigen – aber hier schon mal ein Überblick:

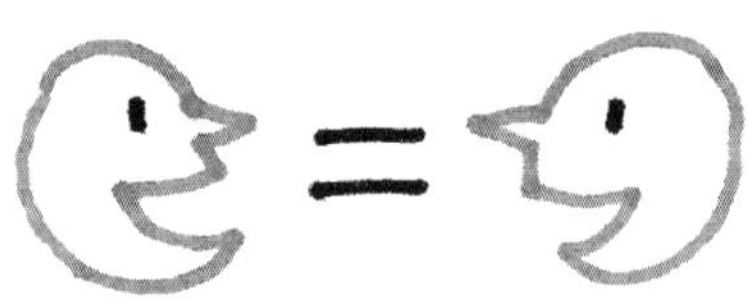

Alle Redner und Stimmen in einem Meeting sind gleichwertig. Jeder sollte seine Beiträge als wichtig erachten und gerne etwas zum Thema beitragen.

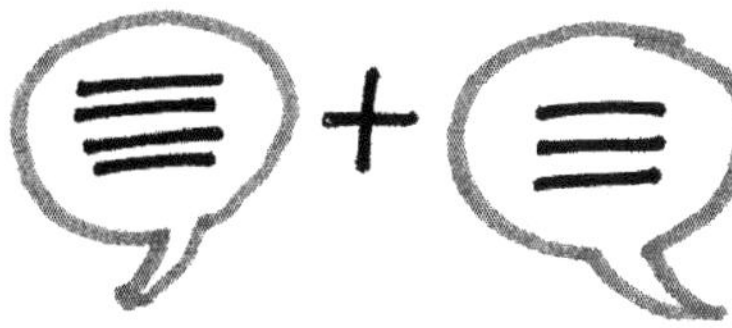

Als Graphic Facilitator ist es Ihre Aufgabe, alles im Bild festzuhalten, was im Meeting geschieht. Jeder Teilnehmer sollte seine Beiträge in Ihrer Visualisierung erkennen, denn dann handelt es sich um eine akurate Reflektion des Geschehenen.

Sämtliche Kommentare und Ideen sollten festgehalten werden. Nicht alle im selben Maßstab. Die Visualisierung sollte beides reflektieren – sowohl den Maßstab großer Ideen und Themen als auch den kleinerer Punkte und Details.

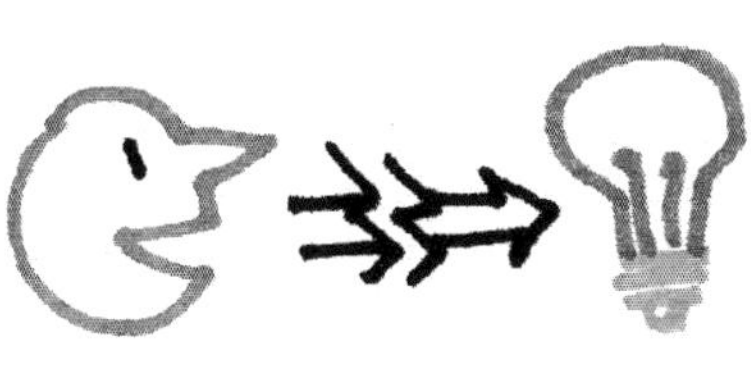

Es ist nützlich, Person und Idee voneinander zu trennen. Und während jede Person im Meeting dieselbe Gewichtung erfahren sollte, sind nicht alle Ideen in gleicher Gewichtung darzustellen.

Wenn die große Idee vom Boss kommt, sollte sie natürlich auch als die große Idee visualisiert werden. Mit Außenseiterohren zuzuhören bedeutet, dass Sie nicht dadurch, dass Sie sie oder ihn als Boss identifiziert haben jeden ihrer/seiner Kommentare automatisch als die große Idee visualisieren. Jeder einzelne Teilnehmer wurde zu diesem Meeting eingeladen um Input zu liefern. Und jeder sollte gehört werden.

Eine Frage, die Ihnen sicher gestellt werden wird, ist, „Wieviel wissen Sie bereits“ oder „Was wissen Sie über unsere Branche?“.

Unsere „Unkenntnis“ einer speziellen Unternehmenskultur oder Branche gegenüber ist ein eindeutiger Vorteil. Wir sind nicht in firmenpolitische Aspekte verwickelt. Was Sie über die Branche nicht wissen, das gleichen sie aus durch Anpassungsfähigkeit, Aufnahmefähigkeit, der Fähigkeit zuzuhören und durch Objektivität.

In der Praxis

Entscheiden Sie sich für eine Sache. Es ist extrem schwierig, für das Ergebnis eines Meetings verantwortlich und gleichermaßen der Graphic Facilitator zu sein. In diesem Fall wird es sehr schwierig für Sie, objektiv zuzuhören. Und es wird schwer, umzuschalten vom Zuhören und Visualisieren zum freien Vortragen Ihres Beitrages. Es ist außerdem eine echte Herausforderung sowohl auf den Prozess, als auch den Inhalt fokussiert zu sein.

Es ist nur zu natürlich, dass Sie dann versuchen werden, den Dialog oder die Zeichnung in die Richtung des Ihnen vorschwebenden Ergebnisses zu lenken. Es gibt zwei Möglichkeiten in dieser Situation: tauschen Sie mit einem Kollegen oder briefen Sie ihn.

Tausch. Entwickeln Sie Ihre Graphic Facilitation Skills mit Menschen in anderen Bereichen Ihres Unternehmens. Dann haben Sie eine Gruppe, mit der Sie Lernfortschritte teilen und Kollegen mit denen Sie Meetings tauschen können. Sie visualisieren das

Human Resource Meeting Ihres Kollegen, der dann später Ihr Meeting mit der Finanzabteilung übernimmt. Wenn Sie die Visualisierung von einem Kollegen mit der gehörigen professionellen Disatanz übernehmen lassen, können Sie selbst an Ihrem Meeting teilnehmen.

Während eines Meetings der Finanzabteilung einer Firma zeigte ein Teilnehmer auf mich und fragte „Wo habt Ihr sie gefunden?"

Der Facilitator witzelte „Sie kommt aus der Buchhaltung." Die 80köpfige Gruppe war atemlos bei der Vorstellung dass eine Person beides tun konnte – Zeichnen und Kenntnisse in Buchhaltung haben.

Ich sah über meine Schulter und schüttelte mit dem Kopf. Daraufhin brach Gelächter aus.

Wenn Sie ein guter Zuhörer sind, unterstellen Ihnen die Leute, dass Sie dazu gehören und dass Sie einer von ihnen sind. Das ist ein fantastisches Kompliment. Wir sollten für beides wertgeschätzt werden – unsere Verantwortung für die Gruppe und unsere Außenseiter-Rolle.

Nicht alle Redner sind gleich

Sie erinnern sich noch daran, dass es nicht um Sie geht? Genau – es geht um die Gruppe, der sie dienen sollen. Diese Gruppen sind bevölkert von menschlichen Wesen. Menschlichen Wesen, die nicht perfekt sind.

Einige Menschen sind redegewandter als andere. Einige Meetings werden besser geleitet als andere. Denken Sie daran – wir sind alle Menschen.

Anfänger auf dem Gebiet der Graphic Facilitation verheddern sich wenn sie Fehler machen. Ja, manchmal machen Sie Fehler. Sie werden von der Frage abgelenkt, was Sie am nächsten Tag machen werden. Ein ausgetrockneter Marker wirft Sie aus der Bahn. Sie kommen in einen tranceartigen Zustand während Sie 3D-Blockschrift zeichnen. Wir sind auch nur Menschen.

Häufig gibt es Probleme mit den Rednern. Nicht jeder hat eine Silberzunge, klar und deutlich. Einige Leute nuscheln, andere schweifen ab. Einige sind unerfahren und sie rudern herum.

Bedenken Sie, es kann gut sein, dass, wenn Sie das Problem haben, jemanden zu verstehen, es anderen auch so geht. Die Idee einer Person könnte schwer zu visualisieren sein, weil sie nicht genau genug definiert wurde. Ein guter Facilitator wird Fragen im Sinne aller stellen. „Können Sie bitte lauter reden?" oder „Ich bin mir nicht sicher, ob ich Ihren Punkt verstanden habe. Können Sie das bitte zusammenfassen?" Natürlich können Sie das auch als Graphic Facilitator tun, aber das ist manchmal schwierig, weil Sie dafür Ihre Arbeit unterbrechen müssen.

Im Laufe der Zeit werden Sie den verschiedenen Typen von Rednern zuhören und Sie werden lernen ihnen zuzuhören und ihre Beiträge visuell wiederzugeben. Sie werden schneller verstehen, wann Sie ein Zeichen vergessen haben und wann es der Redner war. Und ja, mit etwas Übung können Sie aus einem nuschelnden Redner und einer schlecht moderierten Podiumsdiskussion etwas machen, das zusammenhängender ist, als es in Wirklichkeit war.

Eine große dreitägige Konferenz begann mit einem externen Keynote-Speaker. Keynote Speaker sind meist Kommunikationsexperten und gut organisiert. Aber nicht immer. Als dieser Mann begann, stand ich da und wartete darauf, dass er endlich zum Kern der Sache kommt – zum Fleisch seiner Rede. Nach zehn Minuten hatte er weder einen Punkt gesetzt noch irgendeinen Zusammenhang erzeugt. Ich stellte fest, dass ich das Beste daraus machen musste. Die nächsten 50 Minuten fühlten sich an wie drei Stunden, während ich versuchte Verbindungen zwischen seinen unterschiedlichen Ideen herzustellen.

Ich stand auf einer Bühne, an der seitlichen Wand des Ballraumes eines Hotels, der mit 400 Menschen gefüllt war. In diesem Moment war ich wirklich erleichtert, dass kein Videofilmer dabei war, um mich aufzunehmen. Mir wurde heiß und kalt. Ich hatte 13 Jahre Erfahrung auf dem Buckel, aber noch nie einen Redner erlebt, der so zusammenhanglos und zerstreut war. In der Stunde, während er sprach, redete er nie länger als eine Minute über eine Idee. Und niemals gab es Zusammenhänge zwischen diesen Ideen.

Es war das erste Mal, dass ich für diese Firma arbeitete und es war ein scheußlicher Start unserer dreitägigen Zusammenarbeit.

Glücklicherweise kam mein Auftraggeber während der Pause zu mir und sagte „Das tut mir so leid. Das war furchtbar." Dann sah Sie auf mein Chart und sagte „Sie haben aber einen tollen Job daraus gemacht".

Erleichtert atmete ich einmal ganz tief durch.

Es ist grundlegend wichtig, dass Sie die unterschiedlichen Stimmen im Raum einfangen. Es ist Ihre Fähigkeit, die es ermöglicht, diese Stimmen zu einem zusammenhängenden, harmonischen Ganzen zusammenzufügen.

Hier sind die Redner-Typen, die ich in der Graphic Facilitation Wildnis kennengelernt habe. Ich beschreibe all diese Typen mit einem liebevollen Herzen, in der Hoffnung, dass es Ihnen dabei hilft, jedem einzelnen Redner besser zuzuhören, diesen besser verstehen zu können.

Einblick in das Reich der Redner

Der Keynoter

Charakteristik

Ein einzelner Redner, der eine Stunde zur Verfügung hat, um über etwas zu sprechen, bei dem er sich auskennt. Die Qualität der Kommunikation variiert sehr stark. Einige Keynoter sind organisiert und haben tolle Slides, um Ihre Message noch klarer zu machen. Andere wiederum sind schlechter organisiert, nervöser und lesen von Ihren Vorlagen ab.

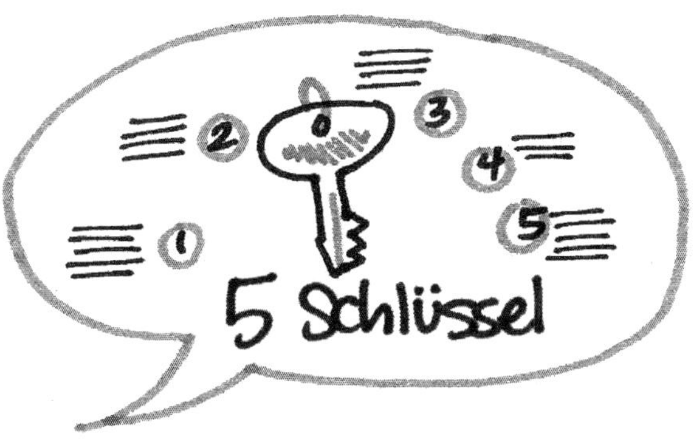

Typischer „Ausruf“

„Innerhalb der nächsten Stunde werde ich mit Ihnen die Ergebnisse des Dies-und-Das Projektes teilen.” Oder: „Ich bin hier, um mit Ihnen meine x-jährige Erfahrung mit Hilfe folgender fünf Schlüsselfaktoren zu teilen.“

So halten Sie ihn fest

Seien Sie vorsichtig mit Nummerierungen. Ein Redner könnte mit dem Satz beginnen „Ich habe fünf Punkte". Wenn er gut sortiert ist hat er genau fünf Punkte. Aber er könnte auch einen Punkt überspringen oder nicht innerhalb seiner Redezeit fertig werden. Er könnte auch nur zwei davon mitteilen, damit das das Buch gekauft wird, das er im Anschluss signiert – und in dem auch die übrigen drei Punkte verraten werden. Hüten Sie sich davor, diese Nummerierung als erstes aufzuschreiben. Sie können jederzeit Ziffern hinzufügen – auch am Ende der Rede, um es besser zu verdeutlichen.

Lassen Sie die Slides des Redners ihren Job tun. Tun Sie Ihren eigenen! Das gilt für jeden, der bei seiner Präsentation mit Charts oder Slides arbeitet. Glauben Sie bitte nicht, Sie müssten Details aus diesen „Folien" in Ihrer Visualisierung übernehmen. Die Folien der Redner und Ihre Visualisierung haben zwei unterschiedliche Funktionen. Aber wenn ein Bild, Diagramm oder ein Zitat aus der Präsentation im Publikum große Resonanz erfährt, dann können Sie es natürlich in Ihrer Zeichnung wiedergeben.

Der Motivations-Redner

Charakteristik

Ein einzelner Redner, der eine Stunde zur Verfügung, hat um ein Publikum in Aktion zu bringen. Motivationsredner teilen oft ihre persönlichen Erfahrungen und erzählen Geschichten, um ihre Botschaft zu vermitteln. Auch bekannt als die Geschichtenerzähler.

Typischer „Ausruf“

„Lassen Sie mich mit Ihnen die Geschichte teilen, wie ich von einem wirklich lausigen Ort an einen wirklich großartigen Ort gekommen bin und welche Erfahrungen ich dabei gemacht habe.“

So halten Sie ihn fest.

Fangen Sie Meilensteine und das Ziel ein, nicht die ganze Reise. Diese Redner durchtränken Ihre Reden oft mit Massen an Details und Emotionen. Achten Sie auf die Wendepunkte, lebhafte Bilder, Schlüssel-Aussagen. Zeichnen Sie die Elemente der Geschichte in ihre visuelle Landkarte, die beim Publikum auf Resonanz gestoßen sind. Wenn man diese Berührungspunkte später ansieht hilft das dem Betrachter, die Geschichte zu vervollständigen.

Lassen Sie Platz für das große Finish. Diese Redner schließen oft mit einem kraftvollen Aktionsaufruf oder erläutern die Moral ihrer Geschichte. Stellen Sie sicher, dass Sie genügend Platz für diese Schlussbemerkung haben.

Der Boss

Charakteristik

Der große Boss. Die Person im Raum mit der größten Power und der wichtigsten Position. Möglicherweise ist er Ihre Kontaktperson – vielleicht aber auch nicht.

Typischer „Ausruf"

„Wir werden unseren Ertrag innerhalb der nächsten sechs Monate verdoppeln."

So halten Sie ihn fest.

Alle Stimmen im Raum sind gleichwertig. Ja, es mag sein, dass der Boss die größte Macht hat, aber achten Sie darauf, in Ihrer Visualisierung alle gleich zu behandeln. Chefs, die Graphic Facilitator für Ihre Meetings engagieren, möchten gerne, dass jeder Input gehört wird. Sie möchten nicht, dass ihr Input die anderen Ansichten überschattet.

Halten Sie die Ziele getrennt fest. Der Boss könnte das Meeting damit beginnen, dass er die Ziele des Meetings bekannt gibt. Halten Sie diese auf einem separaten Blatt Papier – z.B. einem Flip-Chart fest. So haben Sie einem hilfreichen Anhaltspunkt für die Dauer des Meetings. Hängen Sie das Chart an einer gut sichtbaren Stelle im Raum auf. Die Gruppe kann so im Verlauf der Agenda überprüfen, ob das Meeting die gesteckten Ziele erreicht.

Der Abschweifer

Charakteristik

Jemand der einen langen Weg braucht, um auf den Punkt zu kommen. Gut möglich, dass diese Typen laut denken. Möglicherweise sind sie nicht sehr fokusiert.

Typischer „Ausruf"

„Was denken Sie über die Erfahrungen unserer Kunden? Nun... – mich erinnert es an eine Geschichte, die ich letzte Woche erlebt habe. Ich hatte ein Problem mit meinem Kabelfernsehen. Ich freute mich wirklich auf..."

So halten Sie ihn fest.

Treten Sie zurück und lauschen Sie. Warten Sie, bis er auf den Punkt kommt. Merken sich die Details, wie er dahin gekommen ist und halten Sie diese Einzelheiten nur dann fest, wenn es dabei hilft, das Ganze zu verstehen. Es ist wichtig, dass Sie die Kernaussage festhalten, nicht notwendigerweise alle Schritte, die dorthin geführt haben.

Bitten Sie um eine Zusammenfassung. Wenn er vollkommen vom Weg und nicht auf den Punkt kommt, fragen Sie einfach „Ich möchte keinen Punkt versäumen. Können Sie das bitte zusammenfassen?" Die Gruppe wird diese Bitte gut verstehen.

Der Flüsterer

Charakteristik

Ein Redner, der so leise redet, dass er kaum zu verstehen ist. Der Ausblender ist eine Variante davon – er beginnt klar und deutlich und kommt dann aus der Spur. Sie sind nicht die einzige Person im Raum, die den Flüsterer nicht versteht. Auch bekannt als der „Low Talker".

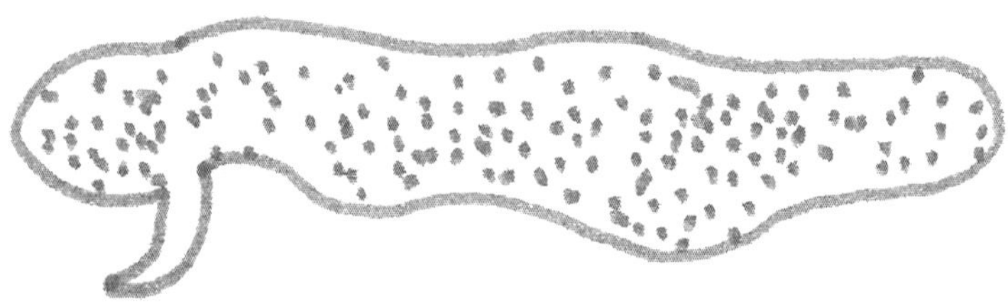

Typischer „Ausruf"

„Ich denke, wir sollten vrbl murmel murmel..."

So halten Sie ihn fest.

Sagen Sie einfach „Das habe ich nicht mitbekommen". Nochmal – die anderen müssen sich auch sehr anstrengen, um diese leisen Redner zu verstehen. Sie helfen allen, wenn Sie für die Gruppe das Wort ergreifen.

Nutzen Sie Ihre Körpersprache. Zeigen Sie, dass Sie angestrengt versuchen zu verstehen. Nähern Sie sich. Einige der Flüsterer werden auf diese nonverbalen Zeichen reagieren. Andere wiederum werden ratlos bleiben.

Der Papagei

Charakteristik

Jemand, der einfach alles wiederholt, was ein anderer zuvor gesagt hat. Mögliche Gründe: Zustimmung, Unachtsamkeit und der Wunsch das Gesicht zu wahren, neu in der Gruppe und noch nicht gefestigt, Unsicherheit, warum man überhaupt in diesem Meeting ist.

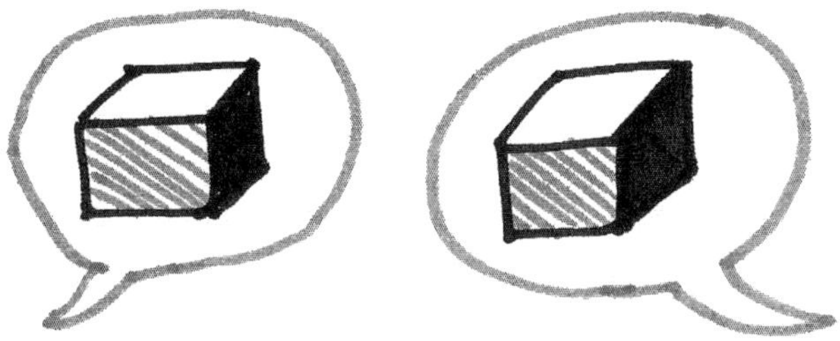

Typischer „Ausruf“

„Ich stimme allem zu was [tragen Sie hier den Namen des Vorredners ein] gesagt hat.“ Oder: „Alle meine Ideen wurden schon genannt.“

So halten Sie ihn fest.

Tun Sie es nicht. Ja es stimmt, Sie sollen die Antworten von Allen wiedergeben. Aber sie müssen nicht dasselbe zweimal tun. Unterstreichen Sie den Punkt oder zeigen Sie einfach auf die Stelle, wo das zuvor Gesagte steht.

Der Bedenkenträger

Charakteristik

Teilnehmer, die hauptsächlich kritische Bemerkungen machen oder Ideen zerreden. Auch bekannt als Pessimisten oder Miesmacher. Die Bedenkenträger werden oft als rein Negative angesehen und abgelehnt. Aber während einige wirklich rein negativ sind, sind andere einfach nur kritisch, weil Sie ein Interesse an einer starken Problemlösung haben. Achten Sie darauf, dass diese Stimmen gehört werden. Sie gehören zu den Stimmen, die für Graphic Facilitation empfänglich sind.

Typischer „Ausruf“

„Ja schon, aber ich kann nicht erkennen, wie das funktionieren soll.“ Oder „Wir haben das schon vor fünf Jahren ausprobiert und es hat uns nicht weiter gebracht.“

So halten Sie ihn fest.

Geben Sie seinen Aussagen einen produktiven Dreh. Notieren Sie seine Idee so, dass der Dialog im Schwung bleibt, anstatt im Keim zu ersticken. Wenn er sagt „Wir haben das vor fünf Jahren probiert – es hat nicht funktioniert“, dann richten Sie es neu aus und machen daraus „ Was haben wir gelernt, seit wir das das letzte Mal gemacht haben?“ oder „Wie schaffen wir es, dass es diesmal funktioniert?“

Füttern Sie nicht die Trolle. Geben Sie Kritik oder negative Kommentare nur einmal wieder. Pessimisten neigen dazu, sich in einer negativen Schleife zu verirren. Es gibt keinen Grund dazu, diese Wiederholungen zu visualisieren. Allerhöchstens können Sie einen Punkt unterstreichen oder darauf zeigen, um klar zu machen, dass er bereits erfasst wurde.

Der Emotionale

Charakteristik

Wie die Bedenkenträger so werden auch diese Redner in Organisationen oft unterdrückt – weil sie zu gefühlsduselig sind. Sie spüren die tiefe Notwendigkeit, ihre oft missverstandene Botschaft kundzutun. Dabei verstricken Sie sich in Emotionen, suchen das Warum hinter dem Was oder Wie. Leidenschaftliche Menschen sind oft bei der Definition von Zielen und Visionen hilfreich.

Typischer „Ausruf"

„Ich kann gar nicht glauben, dass wir die letzten zwei Stunden nur über Zahlen gesprochen haben. Was mir wichtig ist, ist die Erfahrung unserer Stammkunden und ob wir Ihnen dabei helfen zu wachsen und lernen."

So halten Sie ihn fest.

Zitieren Sie ihn. Bringen Sie seine leidenschaftliche Aussage auf die Tafel. Verknüpfen Sie diese zur Unterstützung mit den Ideen und Details.

Stellen Sie das Ziel prominenter dar. Oftmals stellen die Beiträge dieser Redner Verbindungen zu umfassenderen Themen dar. Oder sie führen zu darunterliegenden Sachverhalten. Diese Beiträge werden oft in einem größeren Maßstab festgehalten als die unterstützenden Details. Wenn es Ihnen angemessen erscheint, stellen Sie soche Beiträge größer dar oder packen Sie sie separat in ein Banner oder eine Box.

Der Ausreißer

Charakteristik

Ja, es stimmt, alle Stimmen im Raum sind gleichwertig. Aber der Ausreißer scheint in einem komplett anderen Meeting zu sein.

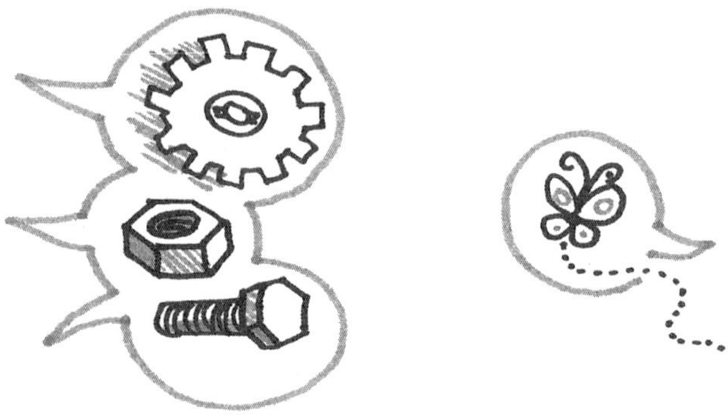

Typischer „Ausruf"

[In einem Dialog über Personalfragen] „Haben wir einmal darüber nachgedacht, unsere Verpackung biologisch abbaubar zu machen?"

So halten Sie ihn fest.

Lassen Sie es. Wenn alle anderen wirklich einen anderen Dialog führen, sollten Sie diesen Kommentar nicht einpflegen. Sie können ihn höchstens auf eine Haftnotiz schreiben und in der Nähe des Charts parken. Wenn die Gruppe dann zum Punkt des Ausreißers kommen sollte, können Sie die Notiz integrieren.

Der Detailverliebte

Charakteristik

Das sind Redner, die Details vergöttern. Sie schwimmen ganz glücklich in Daten. Oft sind sie aber weniger geeignet, Schlüsse aus diesen Details zu ziehen.

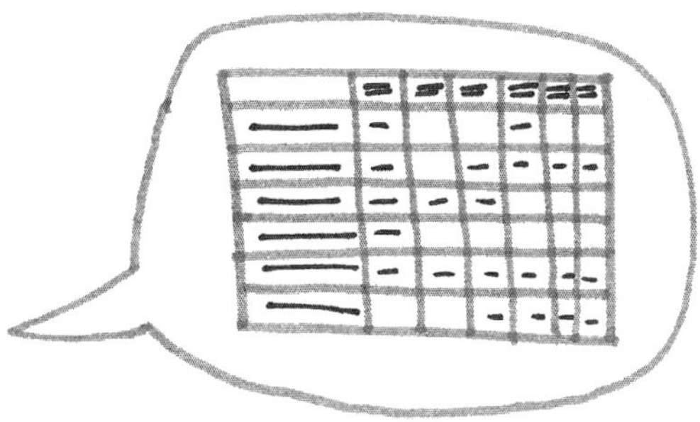

Typischer „Ausruf"

„Wenn Sie einmal auf Seite 7, Spalte 4, zwei Reihen runter schauen, dann sehen Sie, dass unsere Profite in diesem Sektor um 2 % gestiegen sind."

So halten Sie ihn fest.

Zeichnen Sie Schlussfolgerungen aus den Daten auf – nicht die Daten selbst. Es ist nicht Ihre Aufgabe, Tabellen zu rekonstruieren. Die meisten werden ohnehin Handouts mit diesen Informationen haben. Achten Sie darauf, wie die Gruppe auf diese Daten reagiert. Was sind die wichtigen Erkenntnisse aus diesen Zahlen?

Heben Sie einen wichtigen Datensatz hervor. Sollte eine bestimmte Statistik oder eine Ziffer wiederholt vorkommen, dann halten sie ebendiese fest. Wenn ein 30%iger Rückgang im dritten Quartal der wichtige Wendepunkt für die Gruppe ist, dann nehmen Sie ihn in die visuelle Landkarte auf.

Der Big-Picture-Typ

Charakteristik

Das Gegenstück zum Detailverliebten. Diese Teilnehmer tun sich dadurch hervor, dass sie die Gruppe mit der Erkenntnis von Themenfeldern oder Schlussfolgerungen versorgen. Diese Gruppe gehört oft zu den Lieblingen der Graphic Facilitator. Auch bekannt als „Der Zusammenfasser".

Typischer „Ausruf"

„Ich kann hier zwei wichtige Themen erkennen..." oder „Ich denke, die Gruppe ist der Meinung ...."

So halten Sie ihn fest.

Warten Sie auf Rückmeldung. Beobachten Sie, ob es in der Gruppe Übereinstimmung mit der Aussage des Kollegen gibt.

Highlighten Sie die Zusammenfassung oder setzen Sie sie ab. Bei diesen Inputs geht es darum Themenfelder zu erkennen, den Zusammenhang zu verstehen und Schlussfolgerungen zu ziehen. Diese Arten von Input werden oft größer dargestellt, speziell hervorgehoben oder separat in Banner oder Boxen gestellt.

Verbinden Sie die Zusammenfassung mit den einzelnen Punkten. Der Big Picture Typ bezieht sich auf frühere Punkte der Konversation. Setzen Sie diese Beobachtungen in die Nähe der jeweiligen Quelle und machen Sie die Verbindungen deutlich.

Der Metaphern-Fan

Charakteristik

Ein Redner, der während seiner Arbeit stets in Metaphern und Analogien spricht.

Typischer „Ausruf“

„Ich sehe diesen Jahresbericht als einen Baum an....“ oder, „Ah, das ist wie ...“

So halten Sie ihn fest.

Beobachten Sie die Gruppe. Erkennen Sie, ob die Metapher des Redners für die Gruppe funktioniert. Achten Sie auch darauf, ob weitere Personen die Metapher verwenden und darauf aufbauen.

Verwuseln Sie sich nicht in Bilderwelten. Unerfahrene Graphic Facilitator steigen gern ein, wenn es darum geht, metaphorische Bilderwelten zu zeichnen. Im schlimmsten Fall hören Sie „Baum“ und zeichnen einen meterhohen Baum, obwohl es vielleicht nur einer von vielen Punkten war.

Geben Sie die Idee als Sinnbild wieder. Wenn die Metapher auf große Resonanz in der Gruppe stößt, machen Sie es größer. Es gibt keine wirkliche Gefahr, wenn man beides tut – einen 10 cm großes Baum-Icon zeichnen und dann später einen metergroßen Baum, wenn die Gruppe diese Metapher als die alles erklärende bejubelt.

Der Architekt

Charakteristik

Ein Redner, der strukturiert denkt und in Modellen und Bildern spricht.

Typischer „Ausruf“

„Ich sehe genau, wo dieser Dialog hinführt. Ich erkenne unsere fundamentale Aussage mit folgenden drei Säulen: Säule X, Säule Y und Säule Z.“

So halten Sie ihn fest.

Beobachten Sie die Gruppe. Sie sollten sich sicher sein, dass das Modell Sinn macht. Der Metapher-Fan, der Architekt und der Big Picture Typ machen sinnvolle scharfsinnige Beobachtungen. Sie sind es Wert, festgehalten zu werden. Das Einschätzen und Abwägen der Resonanz hilft ihnen dabei, es in der richtigen Gewichtung visuell zu integrieren.

Fragen Sie, ob er Ihnen eine Skizze zeigen kann. Die meisten der beschriebenen Typen sind recht einfach. Aber wenn es komlizierter wird, bitten Sie ihn, es Ihnen zu zeigen. Sehr wahrscheinlich hat er seine Idee ohnehin schon zu Papier gebracht, während er zuhörte und seine Idee formulierte.

Sie können auch fragen, ob er es selbst in die visuelle Karte zeichnen möchte. Während ich dies willkommen heiße, halten sich Teilnehmer oft zurück. Sie nehmen meine visuelle Landkarte als unsichtbares Kraftfeld war, für das der Zutritt verboten ist. Nur einige wenige durchbrechen dieses Feld.

Halten Sie es einfach. Die Architekten innerhalb der Gruppe beschreiben normalerweise keine ornament-verzierten Paläste in ihren Gedanken. Sie denken eher an ein einfaches Gerüst, das dabei hilft, den Dialog zusammenzufassen und so die Gruppe weiter zu bringen. Daher ist es gut, diese Bilder einfach zu halten – so kann die Gruppe Änderungen oder Ergänzungen beisteuern.

Extrahieren

Sie sind kein Stenograph. Es ist schier unmöglich, die Dialoge eines Meetings Wort für Wort wiederzugeben. Und selbst wenn Sie es könnten, dann sollten Sie es nicht tun. Hören Sie hin, was alles gesagt wird und fassen Sie diese Worte zu Schlüsselbegriffen zusammen.

Dies hier ist ein Glasbehälter, der Retorte* genannt wird. Er wird verwendet, um Flüssigkeiten zu destillieren, indem Hitze an der runden Stelle der Retorte hinzugefügt wird. Dampf steigt auf. Diese Gase kühlen wieder ab und wandern den Hals entlang nach unten. Die entstandene Flüssigkeit nennt man auch das Destillat. Sehen Sie die Retorte als Metapher für Ihre Rolle als Zuhörer in den Meetings Ihres Kunden:

*Danke an John Ward für die Idee der Retorte als Metapher.

Über das ganze Buch hinweg weise ich Sie dazu an, alles im Meeting direkt festzuhalten. In Wahrheit sind es die Haltepunkte des Destillats im Retortenhals, die Sie visuell festhalten. Mit einem Großteil der „Dialog-Flüssigkeit“ geschieht folgendes: steigt auf zu einer Idee, bildet den Kontext um eine Idee herum, Zustimmung, Verzögerungen, Nebengespräche und Auflockerung. Das Destillat besteht dann aus: den Schlüsselbegriffen, den Ideen, den nützlichen Details rund um die Ideen, den wichtigen Fragen und widerhallenden Zitaten.

Wenn Sie wirklich alle Worte des Meetings mitschneiden würden, dann müsste Ihr Kunde alle unwichtigen Komponenten herausfiltern. Daher fassen Sie besser alle Dialoge in seinem Sinne zusammen.

In der Praxis

Seien Sie genau, was die Sprache der Gruppe angeht. Ein Lebensmittelkonzern könnte z.B. über „ummantelte Fleischwaren“ sprechen und sie notieren „Würstchen“. Diese Bezeichnung „Würstchen“ könnte ablenkend wirken, wenn die offizielle Bezeichnung des Geschäftszweiges „Ummantelte Fleischwaren“ lautet.

Dieser Punkt hält sich die Waage mit:

Reduzieren Sie Fachjargon. Wenn wir das Beispiel von oben aufgreifen und es um den gleichen Begriff aus dem Mund des Kunden geht, dann wäre „ummantelte Fleischwaren“ unpassender Fachjargon, da ein durchschnittlicher Kunde das nicht sagen würde – der will eben „Würstchen“. Ihre Erfahrung wird Ihnen dabei helfen, hier den richtigen Weg zu finden.

Halten Sie den Fokus produktiv. Ihr Ziel ist es, dass der Text, den Sie aufzeichnen, den Dialog reflektiert und auch in Gang hält. Negative Kommentare sollten so formuliert werden, dass sie zum Dialog anregen und ihn nicht im Keim ersticken. Wenn ein Anwalt des Teufels sagt „Unsere Lieferanten werden nicht mit uns zusammen arbeiten“ dann verdrehen Sie dies im positiven Sinne zu „Neue Wege, um mit unseren Lieferanten zu arbeiten?“ So bleibt der Fokus der Gruppe auf den Lösungen.

Vergessen Sie Artikel. Anstelle von „der Präsident der Vereinigten Staaten“ notieren Sie „US-Präsident“.

Vergessen Sie unnütze Adjektive. Eine „zerfledderte wogende Amerikanische Flagge“ wird vereinfacht zur „Amerikanischen Flagge“. Natürlich sind einige Adjektive nützlich. Filtern Sie die heraus, die kein Gewicht haben.

Nennen Sie keine Namen. Gerade bei den Ideen ist Anonymität nützlich, wenn es um das gemeinsame Verstehen in der Gruppe geht. Ich persönlich schreibe allerhöchstens am Ende eines Meetings Namen auf, wenn es darum geht, an bestimmte Personen Aufgaben oder folgende Schritte für das nachfolgende Meeting zu vergeben.

Verwenden Sie Symbole und Abkürzungen. Ein Pfeil nach oben oder unten kann mehr von dem einen und weniger von dem anderen bedeuten. Auch ist ein „m.“ schneller notiert als „mit“ und „Bsp.:“ schneller als „Beispiel“.

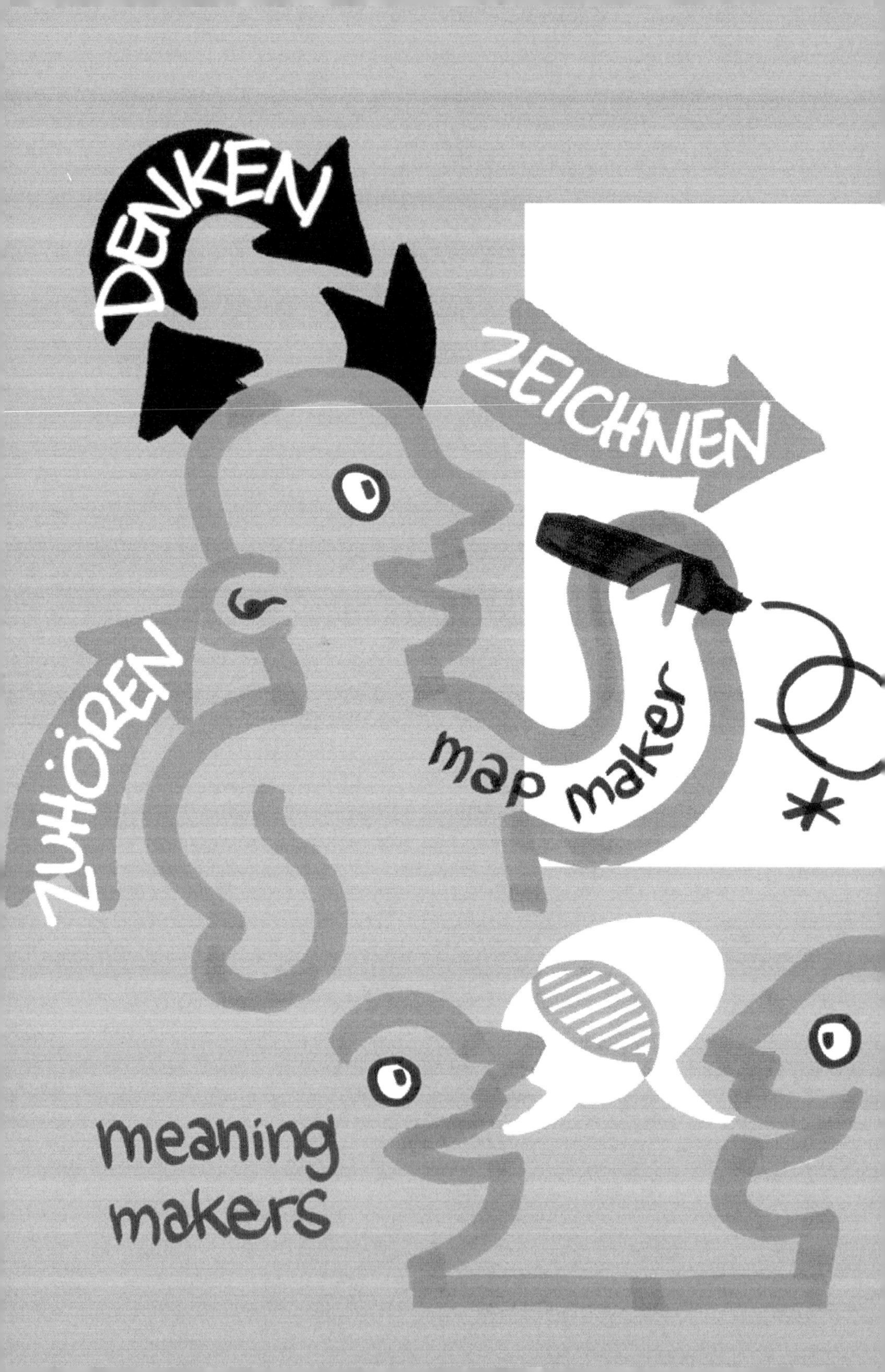
DENKEN
ZEICHNEN
ZUHÖREN
map maker
meaning makers

DENKEN
meeting maker

Lasst uns über das Denken nachdenken – wie wär's?

Wenn wir Denk-Skills in Zusammenhang mit Graphic Facilitation betrachten, werden wir von sechs Prinzipien begleitet. Sie hängen so zusammen:

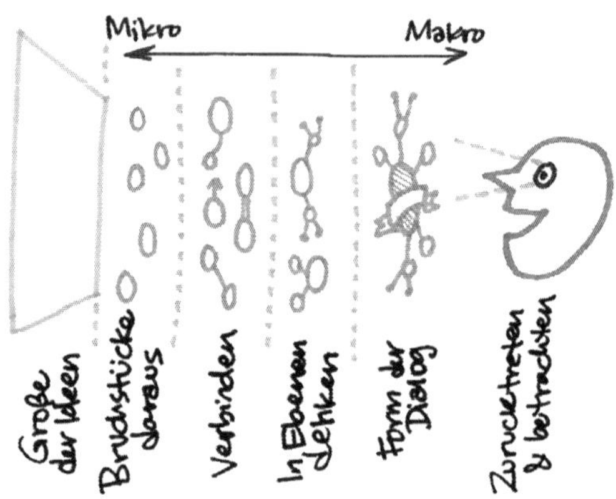

Es beginnt mit der Auswahl der Fläche, auf der Sie zeichnen werden, abhängig von der **Größe der Ideen.** Es endet damit dass Sie einen **Schritt zurücktreten und Ihre Arbeit betrachten.** Dazwischen liegen vier Schritte, bei denen Sie über die Konversation der Sie gerade lauschen nachdenken. Sie bewegen Sich vom Mikro-Bereich zum Makro-Bereich. Als erstes lauschen Sie den Dialogen, um die individuellen Stücke herauszufinden. Ich nenne das **„Chunking"** – das Herauslösen individueller Stücke. Als zweites denken Sie darüber nach wie diese einzelnen „Chunks" zu den anderen Teilen in der visuellen Karte passen, welche **Verbindungen** es gibt. Der dritte Schritt ist das **Denken in Stufen (Levels).** Dazu verwenden Sie Größe und Maßstab, Farbe, Linien und Formen, um die Informations-Bruchstücke noch weiter zu organisieren. Als viertes legen Sie die **Form des Dialoges** fest – zum einen vorausahnend, zum anderen an die tatsächlichen Äußerungen der Gruppe angepasst.

Größe der Ideen

Die erste Entscheidung bei Graphic Facilitation ist die Wahl des passenden Papiers, das Sie verwenden. Bedenken Sie die Größe der Arbeit, die zu erledigen ist. Bedenken Sie die Zeit, die Ihnen zur Verfügung steht. Am wichtigsten aber ist die Größe der Ideen, mit denen Sie arbeiten werden.

Wir sind von Papier umgeben, meist das gute, alte langweilige Fräulein Briefpapier. Meist liegt es in Stapeln auf unserem Schreibtisch und ist mit Text überfüllt. Und wenn es Nadelstreifen trägt, dann lässt es uns linear denken.

Heute zutage hat das biedere Fräulein einen Mann – Herrn FlipChart (die beiden teilen aber nicht den Nachnamen). Und genau wie wir uns so sehr an das Briefpapier gewöhnt haben sind wir ganz abgestumpft gegenüber FlipCharts. Ach ja, die beiden hatten auch noch einen ganzen Stall von Haftnotiz-Babies. Ich möchte nicht zu hart zu ihnen sein – sie sind ein nettes und zugängliches Pärchen.

Denken Sie daran, dass dies die Formate sind, die wirklich überall verfügbar sind. Wir nehmen Sie als selbstverständlich an und wir verbinden stets das Gleiche mit ihnen, wenn wir sie sehen.

Denken Sie bei der Auswahl des geeigneten Papiers auch darüber nach, wie sehr es Ihr Denken herausfordert – oder auch nicht. Es ist etwas ganz neues und vielleicht auch ein wenig gefährliches, wenn Sie an einem 3 x 1 Meter großen Papierbogen vorbeilaufen und darüber grübeln, wo Sie nun beginnen. Oder was Sie wohl darauf zeichnen werden.

Was würde passieren, wenn Sie alles auf hunderten von Karteikarten festhalten würden? Was, wenn Sie eine Idee in der Größe einer Briefmarke festhalten würden? Was, wenn Sie eine Wand in 30 x 30 cm große Stücke aufteilen würden? Was, wenn sie rundes Papier verwenden würden? Wie würden Sie dem Dialog am nächsten kommen? Würde die Information gesplittet oder zusammengeführt werden?

In der Praxis

Machen Sie sich mit Material vertraut, dass Ihnen bislang fremd ist. Auch wenn Sie Briefpapier verwenden – drehen Sie es um 90 Grad. Oder reißen Sie es in zwei Stücke, damit Sie andere Formen und Größen zur Verfügung haben. Verwenden Sie ein FlipChart-Papier im Querformat.

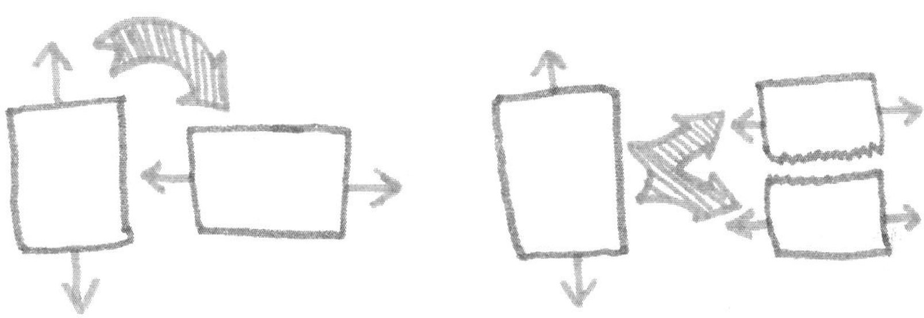

Gehen Sie auf Größe. Die meisten Graphic Facilitator arbeiten auf großen Papierbögen – so ca. 1,2 m hoch und 2,5 m lang. Dieses gigantische Format bietet einen großen Raum für Dialoge. Es benötigt etwas Übung, um mit einer großen Papierrolle klarzukommen. Einige schneiden das Papier schon im Voraus zu, damit es vor Ort einfacher ist. Andere wiederum lassen Ihr Papier ganz, um vor Ort möglichst flexibel zu sein.

Sorgen Sie für Optionen, Alternativen. Auch wenn Sie an einem riesigen Papierbogen arbeiten, sollten Sie einen FlipChart in der Nähe haben. Der ist sehr praktisch für die Erstellung schneller Listen, zum Zusammenfassen Ihres großen Charts oder um eine Liste von Teams und Namen oder dergleichen anzufertigen.

Sehen Sie sich die Agenda an, um Ideen zu erkennen. Es ist äußerst hilfreich, die Agenda des Meetings zu kennen. Auch ein Gespräch mit Ihrem Kunden oder dem Facilitator wird Ihnen dabei helfen, die richtige Grüße des benötigten Papiers – entsprechend der Länge der Dialoge festzulegen.

Auch wenn ich nur sehr wenige Informationen vorliegen habe, so kann ich den Verlauf eines Tages doch grob abschätzen. Ausgehend vom Beispiel dieser Agenda kann ich ganz einfach vier Charts einplanen – vorausgesetzt die Gruppe bleibt zusammen und es gibt keine Breakouts. Ein Chart vor der ersten Pause, ein anderes vor dem Mittagessen, ein drittes zwischen Mittagessen und Nachmittagspause und das letzte, bevor dieser Teil des Meetings endet.

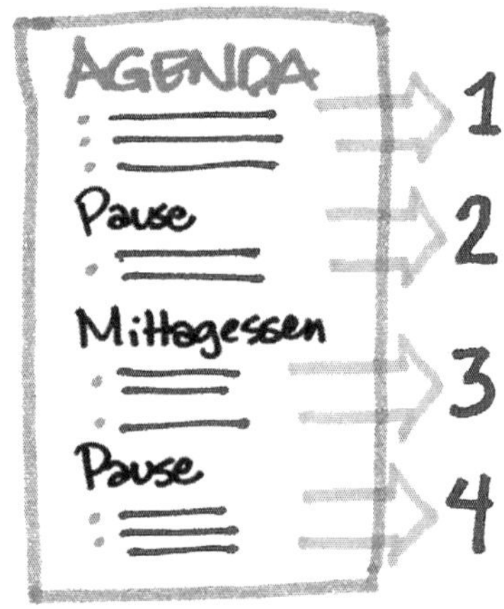

Behalten Sie Ihren „Grundbesitz" im Auge. Je mehr Erfahrung Sie in diesem Bereich gewinnen umso eher können Sie einschätzen, wie viel Papier Sie in einer gesetzten Zeitspanne und einen festgelegten Prozess benötigen werden. Gehen Sie bedächtig vor und schätzen Sie ab, wieviel Raum Sie als nächstes benötigen werden.

In Stücke teilen

Beim Aufteilen geht es darum, aus den Dialogen, denen man folgt, die essentiellen Informationen herauszulösen. Das Ziel dabei ist, die relevanten Punkte von den unwesentlichen zu unterscheiden – die Edelsteine aus Sediment zu sortieren.

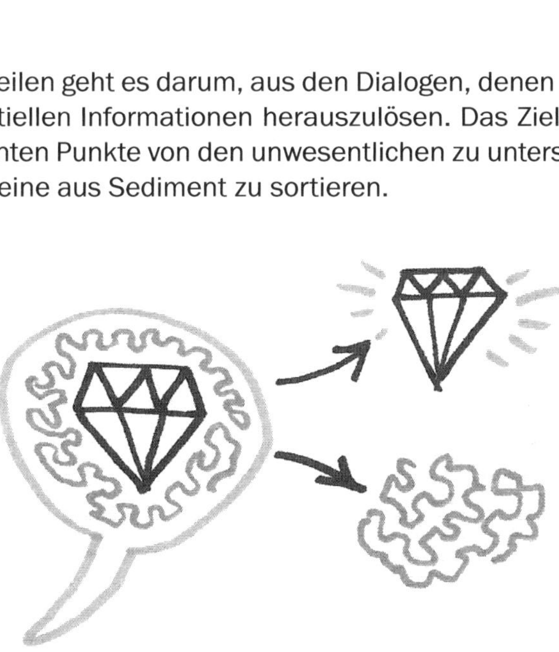

Die Edelsteine als Bruchstücke des gesamten Dialoges stehen für einen Punkt, eine neue Idee, einen wichtigen Kontext, das Feedback zu einer bestehenden Idee, die hilfreiche Variation eines Kommentars oder einer Idee, Zitate, relevante Daten oder Geschichten, die einen bestimmten Punkt verstärken. Sediment

(Wasser, Schlamm, Kies) ist der Rest der Dialoge: unwichtige Details, Seitengespräche und Hemmnisse, Vorbereitungen, um auf den Punkt zu kommen.

Vieles davon ist im Rahmen der Dialoge durchaus sinnvoll und wichtig für die Übergänge zwischen den einzelnen Ideen. Es macht Sinn im Rahmen der Face-to-Face Kommunikation, muss aber nicht auf dem Chart wiedergegeben werden.

Es sind die Edelsteine, die auf Ihr Papier wandern müssen. Sehen Sie diese Bruchstücke, als die kleinste messbare Einheit des Dialoges. Achten Sie auf diese und destillieren Sie daraus das am besten passende Wort oder Bild.

In der Praxis

Jagd auf Bruchstücke. Wenn Sie nicht gerade mitten in einem Projekt stecken, sollten Sie sich die Zeit nehmen, um als Zuhörer die elementaren Bruchstücke in Konversationen ausfindig zu machen. Oder Sie lesen einen Abschnitt um dann die Bruchstücke aufzuschreiben. Grundsätzlich ist jeder Satz ein solches Bruchstück - es kann aber auch eine Reihe von Sätzen sein, die auf ein elementares Bruchstück hinweisen.

Entflechten Sie die Bruchstücke. Nehmen wir mal an jemand sagt: „Wir müssen ein aktuelleres Öffentlichkeits-Programm anbieten, die Besucherzahlen steigern und stärkere Anreize für unsere Mitglieder setzen." Obwohl es nur ein Satz ist, stecken darin drei unterschiedliche Bruchstücke:

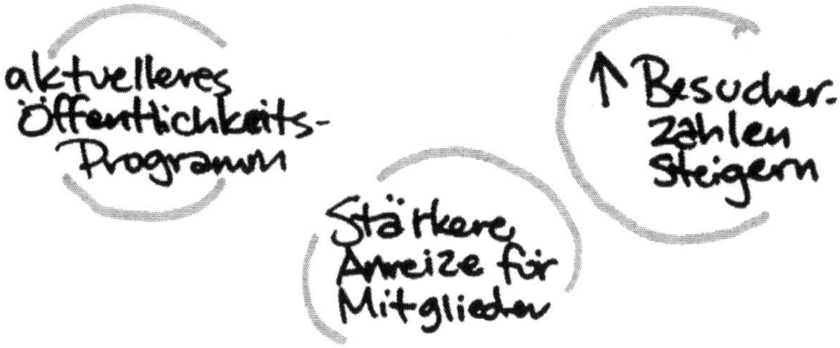

Die drei voneinander getrennt darzustellen macht es einfacher, später irgendeinen von Ihnen wieder aufzugreifen oder eine Verbindung dazu herzustellen.

Bewerten Sie die Bruchstücke nicht. Jemand bringt einen Punkt vor – eine andere Person widerspricht diesem Punkt oder macht ihn nieder. Halten Sie in diesem Fall den ursprünglichen Punkt fest und fügen Sie die Kritik mit „produktivem Spin“ daneben. Somit reflektieren Sie beide Punkte im Rahmen des Dialoges.

Wenn beispielsweise ein anderer Teilnehmer den Punkt mit dem Publikumsprogramm entgegnet „Unsere Öffentlichkeitsprogramme bringen uns doch nirgendwo hin“ dann streichen sie nicht den ursprünglichen Punkt durch, sondern ergänzen den neuen mit positivem Spin. So bleibt der Dialog im Gange und die Gruppe entscheidet.

Verbinden ...

Wenn Sie erst einmal so richtig gut in der Jagd nach Bruchstücken sind, dann können Sie sich daran machen, sie miteinander zu verbinden.

Ein Großteil Ihrer Arbeit als Graphic Facilitator besteht darin, genau zuzuhören und auf das nächste Bruchstück im Dialog zu achten. Dann müssen Sie darüber nachdenken, wo Sie so ein Bruchstück in Beziehung zu den vorhergehenden Punkten platzieren. Dann zeichnen Sie die sinnstiftenden Verbindungen zwischen ihnen ein. Aufspüren der edlen Bruchstücke und Einzeichnen der Verbindungen sind das Fundament einer Visualisierung, die den Dialog repräsentiert.

Grundsätzlich gilt: Wenn jemand einen Punkt setzt, ist das ein Bruchstück. Der nächste Kommentar könnte eine Zustimmung zum ersten sein, eine Unterstützung des ersten oder ein neuer Punkt, der durch den ersten unterstützt wird oder ein komplett neues Bruchstück.

Verbindungen oder Beziehungen zwischen den Bruchstücken

Eine Idee ist ein Bruchstück

Zwei Ideen, die sich **ähnlich** sind, können nah bei einander dargestellt werden.

Zwei **ungleiche** Ideen können weiter voneinander entfernt dargestellt werden..

Eine **Verbindung** zwischen den Punkten kann durch eine Linie dazwischen gezeigt werden.

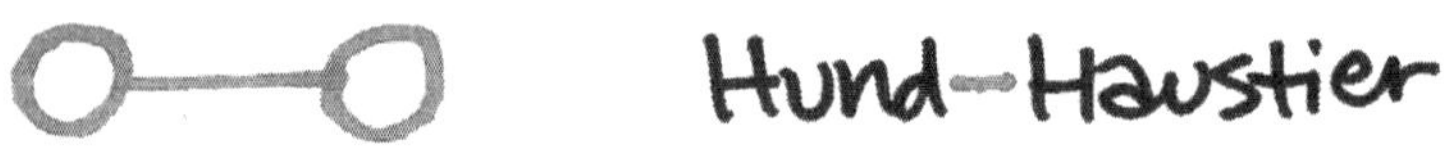

Eine starke Verbindung kann mit einer dickeren Linie dargestellt werden.

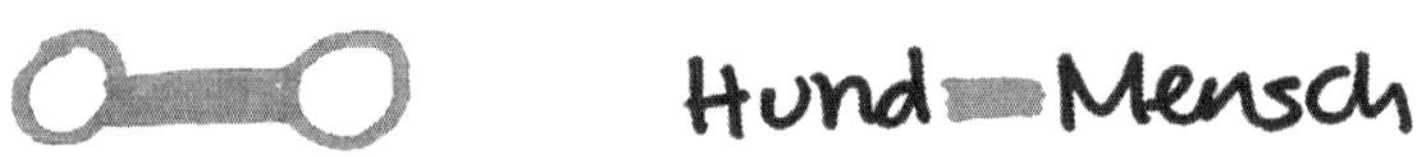

Eine punktierte Linie funktioniert hervorragend für **mögliche oder schwache Verbindungen**.

Große und kleine Ideen können proportional zueinander dargestellt werden. Mit unterschiedlichen Form- oder Textgrößen.

Maßstab und räumliche Nähe und eine verbindende Linie können aufzeigen, wie eine **Hauptidee** von **anderen Ideen** unterstützt wird, die davon abzweigen.

Ideen, die eine andere **Idee umschreiben**, können durch ausgerichtete Pfeile vor der eigentlichen Idee dargestellt werden.

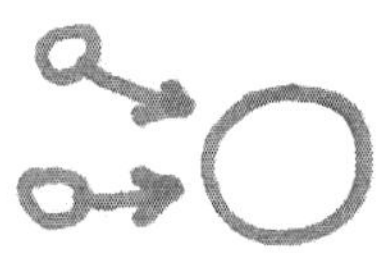

Umgekehrt können Ideen, die **aus einer Hauptidee resultieren**, durch Pfeile daraus und die aufgelisteten Punkten dargestellt werden.

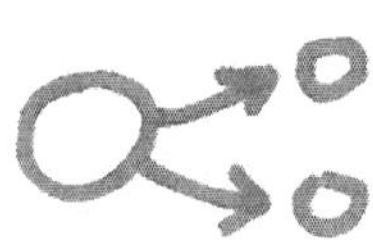

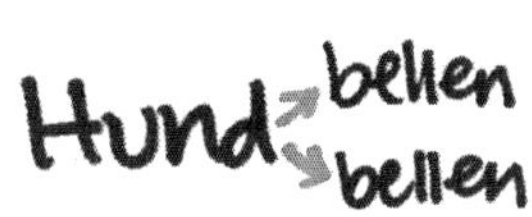

Mit Pfeilen können Sie schnell eine **Richtung** vorgeben.

Mehrere Ideen hintereinander aufgereiht und durch Pfeile verbunden stellen einen **Fluss** dar.

Zwei Ideen, die **Gemeinsamkeiten teilen,** kann man durch überlappende Formen darstellen.

Mehrere zusammengehörende Ideen bilden **Gruppen.** Solche Gruppen können Sie gut innerhalb einer punktierten oder geschlossenen Kontur darstellen.

Eine **Hierarchie** stellt Begriffe dar, die in der Rangfolge über oder unter anderen Punkten stehen. Die Darstellung erfolgt pyramidenförmig. Hierarchien haben eine Spitze und einen Boden.

Eine **Holarchie** ist eine verschachtelte Organisationsform, bei der jede Stufe als Ganzes angesehen wird aber gleichzeitig Teil der nächst größeren Stufe ist.

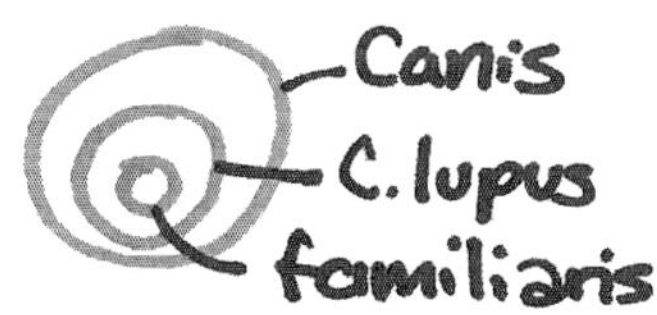

Eine **Heterarchie** besteht aus miteinander verbundenen Knotenpunkten innerhalb eines Netzes. Obwohl auch Hierachien enthalten sein können, stellen Heterarchien meist horizontale statt vertikaler Beziehungen dar.

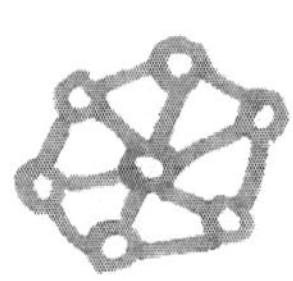

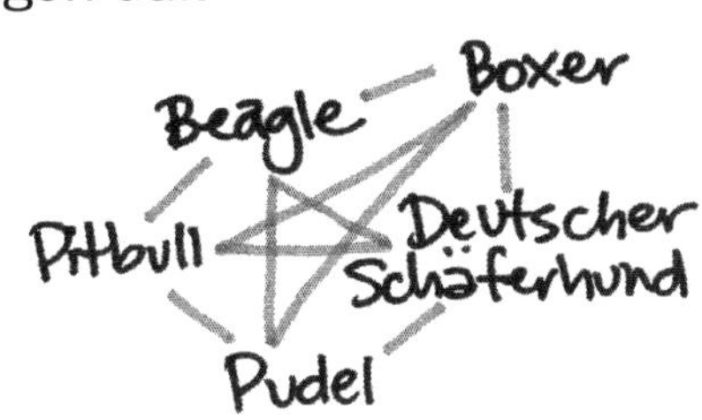

In der Praxis

Üben Sie es, Verbindungen herzustellen. Wie bei der Jagd nach den Brocken, so werden Sie auch hier durch Übung besser. Tun Sie das ohne den Druck einer Veranstaltung und lauschen Sie Unterhaltungen, Interviews oder Podcasts, um sich darauf zu konzentrieren, in welcher Beziehung die unterschiedlichen Ideen zueinander stehen.

Achten Sie auf räumliche Hinweise. Wenn Sie genau zuhören, dann können Sie aus den Sätzen kontextbezogene Hinweise entnehmen. „Das erinnert mich an.." klingt als ob eine ähnliche Idee bereits exisitiert. „Ich möchte aufbauen auf..." nimmt Bezug auf einen bestehenden Punkt. „Ich würde gerne umschalten auf..." signalisiert eine neue, andere Idee. „Können wir noch einmal zurückgehen zu.." bezieht sich auf einen früheren Punkt, den es zu verbinden gilt.

In Ebenen denken

Nicht alle Informationen sind auf demselben Level. Ihre Charts sollten so klar strukturiert sein, dass sie sowohl die Hauptpunkte als auch die unterstützenden Punkte wiedergeben. Hierbei unterstützt Sie das zuvor beschriebene **„Aufbrechen und Verbinden“.** Später werden Sie die Verwendung der **„Unentbehrlichen Acht“** kennenlernen – damit lernen Sie dann, wie sie zeichnerisch die klare Verbindung zwischen verschiedenen Punkten durch die Verwendung von Farbe, Linien, Maßstab Formen und Bildelemente herausarbeiten.

In Ebenen zu denken ist gleichbedeutend mit kritischem, organisierendem Denken. So können Sie Gesagtes so organisieren, dass jedem im Raum die Bedeutung seiner Arbeit klar wird. Wie schon im Kapitel **„Zuhören mit den Ohren eines Außenstehenden“** erwähnt, ist jeder gleich wichtig. Anders verhält es sich bei den Ideen und das ist ein Spannungsverhälltnis.

Der größte Teil dieses Buches lebt in der aufgeräumten Isolation eines imaginären Meetings. An dieser Stelle erscheint es sinnvoll, kurz einen breiteren Kontext zu beleuchten.

Aus der groben Zusammenfassung meiner kunstgeschichtlichen Ausbildung möchte ich auf einen Punkt eingehen, der weit über

Kunst hinaus geht. Wie schon im Kapitel „Ich bin Ihr Wegweiser“ gesagt, bin ich Praktikerin und keine Wissenschafterin. Daher hoffe ich, dass Sie es mir nicht übel nehmen, wenn ich keine Zitate nenne.

In der Moderne des späten 19. Jahrhunderts sind es einige wenige Personen, deren Stimme Gewicht hat (meist ältere, reiche Männer mit weißer Hautfarbe). Es gibt nur eine Wahrheit.

Als Reaktion darauf entsteht Mitte des 20. Jahrhunderts die die Postmoderne und lässt jeden zu Wort kommen (jung und alt, alle Klassen, alle Rassen oder Abstammungen, jedes Geschlecht und jede sexuelle Orientierung). Die Wahrheit ist subjektiv. Es gibt viele Wahrheiten.

Die Postmoderne hatte maßgeblichen Einfluss auf die allgemeine Gleichberechtigung. Das hat uns die phantastische und äußerst kraftvolle Möglichkeit eröffnet, Dinge aus unterschiedlichen Blickwinkeln zu betrachten. Und wir können sowohl für uns selbst sprechen als auch all die anderen Stimmen hören.

Die Konsequenz daraus ist nun natürlich, dass es unendlich viele Stimmen gibt, denen wir zuhören sollen – zusätzlich verstärkt durch moderne Technologien. Wie aus einem Feuerwehrschlauch werden wir tagtäglich mit Informationen, Kommentaren und Status-Updates überflutet. Wir befinden uns in einem Umwandlungsprozess zur Post-Postmoderne oder wie auch immer man das nennen wird. (Ich mag den Begriff PoPoMo). Wir haben permanent mit all den Inputs zu kämpfen und herauszufinden, welchen Sinn sie ergeben.

Die Postmoderne sagt uns, dass jede Stimme zählt. Und sie tun es!

UND wir müssen all diese Stimmen organisieren, sie im Zusammenhang verstehen und sie für den speziellen Einsatz filtern. Und wir müssen die Stimmen und Quellen finden, denen wir vertrauen.

In diesem Umwandlungsprozess hinein ins 21. Jahrhundert halten wir an dem Wert fest, dass jede Stimme zählt, während wir damit zu kämpfen haben, wie wir all diese Stimmen auf einmal hören und verstehen können. Wir müssen PoPoMo-Werkzeuge entwickeln, um jedem zuzuhören, den Kontext zu verstehen, kritisch zu denken und die Information so aufzubereiten, dass sie brauchbar ist.

All diese Stimmen sind unnütz, wenn Sie uns überfordern und wir uns zum Schutz die Ohren zuhalten müssen.

Die Graphic Facilitation-Szene entwickelte sich zeitgleich zur Postmoderne. Graphic Facilitator der ersten Generation legen ganz besonderen Wert auf Demokratie und Gleichheit. Das äußert sich auch in den Charts, bei denen alle Ideen auf einem Level leben. Nach vierzig Jahren in diesem Themenfeld möchte ich einmal behaupten, dass wir in einer Welt leben, die eine neue Generation Graphic Facilitator benötgt. Solche, die in der Lage sind organisatorische und synthetische Aspekte in Ihrer Arbeit noch stärker zu berücksichtigen. Es ist okay, wenn man den Input von der Person trennt, die ihn gebracht hat. Wir können den Input strukturieren, ohne die Quellen dadurch zu entwerten. Es ist eine Tatsache, dass eine klare Struktur den Teilnehmern dabei hilft, ihren Standpunkt und die Haltung der anderen dazu zu erkennen. Als Graphic Facilitator können wir Ideen sortieren, anordnen und verbinden, ohne den Wert der Ideen dadurch negativ zu beeinflussen. Vielmehr ist es so, dass durch das Sortieren, Anordnen und Verbinden der Ideen das Meeting an Wert gewinnt, der Grad des gemeinsamen Verstehens nimmt eindeutig zu.

Ich glaube, dass Graphic Facilitation **die** Aufgabe des 21. Jahrhunderts ist, wenn es darum geht, unseren Weg zu finden durch die komplexe Welt, in der wir leben. Graphic Facilitation ist ein anpassungsfähiges, verfügbares und kraftvolles PoPoMo-Tool. Leider werden die Fähigkeiten zur Organisation und Synthese nur selten ausreichend geschult – sie sind auch schwer zu vermitteln. Wenn Ihnen also diese beiden Fähigkeiten Unbehagen bereiten, dann sind Sie damit nicht alleine. Dennoch sind beide Fähigkeiten – neben dem kritischen Denken – sehr gefragt.

Lassen Sie uns nach diesem Kontext-Exkurs zurückkehren zu unserem imaginären aufgeräumten Meeting. Wir wissen nun, dass beides stimmt – alle Stimmen zählen, aber nicht alle sind gleich wichtig.

Wir vertrauen unserer Fähigkeit, zuzuhören, herauszufiltern, herauszulösen und zu verbinden. Sobald wir auch in der Lage sind, Ideen auszuwerten, zu sortieren, skalieren und Ideen zu sortieren – ganz gleich, von welcher Person diese Ideen stammen – dann haben wir die Fähigkeit, **in Ebenen zu denken.**

Hier sehen sie einen beispielhaften Brocken (Ansammlung von Bruchstücken) mit 5 Ebenen:

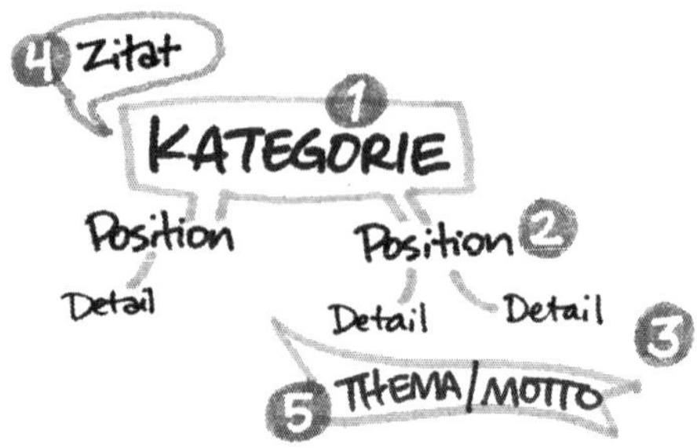

Ebene 1: Eine Kategorie in Großbuchstaben und großer Schriftgröße geschrieben.

Ebene 2: Positionen innerhalb der Kategorie – Ausgänge aus der Kategoriebox sorgen für die optische Verbindung. Kleinere Schriftart.

Ebene 3: Details, die die jeweiligen Positionen unterstützen. Linien verbinden Details und zugehörige Positionen. Auch hier: kleinere Schriftart.

Ebene 4: Ein Zitat, das die Kategorie oder die gruppierten Ideen untermauert. Um das Zitat herum eine gezeichnete Sprechblase.

Ebene 5: Ein Motto/Thema, das stellvertretend für die Ansammlung an Positionen oder Details steht. Hier in einer Banderole dargestellt und mit Großbuchstaben geschrieben. So hebt es sich eindeutig ab.

In Ebenen zu denken erfordert die Fähigkeit, Informationsbruchstücke in unterschiedliche Informationsebenen (Kategorie, Position, Detail, Zitat, Motto) einzusortieren.

Und so können Sie diese Informationsebenen visuell organisieren:

Treffen Sie eine Auswahl.

Sowohl das Aufteilen und Verbinden der Informationen als auch das Denken in Ebenen helfen Ihnen dabei, den Prozess des Graphic Facilitation weniger beängstigend zu empfinden.

Darüber hinaus ist hat es sich für mich als hilfreich erwiesen, einige grundsätzliche Entscheidungen im Vorfeld zu treffen. Aufbauend auf Ihren Erfahrungen, können Sie einige Design-Entscheidungen treffen, bevor Sie den ersten Marker auf das Papier aufsetzen.

Beispiele:

„Ich werde dieses Chart nur mit den Farben rot, orange und Schwarz erstellen. Die Highlights setze ich mit gelb.“

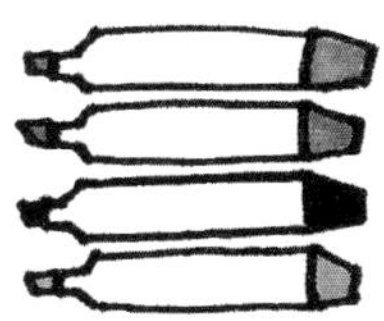

„Ich kennzeichne jede Schlüsselerkenntniss mit dem Symbol.“

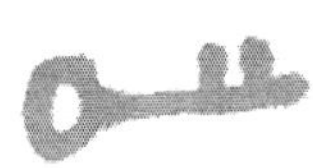

„Sobald ich korrespondierende Aussagen höre, halte ich sie in einem festgelegten Bereich des Charts fest. Jede in einer hellblauen Sprechblase.“

„Immer, wenn die Gruppe über Markenbildung spricht, verwende ich das Grün aus ihrer Bildmarke, um die Aussage zu bekräftigen.”

Beschränkungen können in diesem Fall wirklich befreiend für Sie sein. Sobald Sie die Gegebenheiten einer Situation einschätzen können, können Sie sich innerhalb dieser Beschränkungen bewegen. Das befreit Sie nicht nur davon, mit einer Unmenge an Markern oder Farben zu arbeiten, Sie gestalten auch Muster an Farben, Formen und Symbolen auf Ihrem Chart, die die Muster der Konversation widerspiegeln. Die Menschen werden nach Gleichartigem suchen – oder aber feststellen, was sich unterscheidet.

In unserem Beispiel ist jede der fünf Ebenen auf eine bestimmte Art und Weise gezeichnet worden: Groß- oder Kleinbuchstaben, Schriftgröße, Form der Verbindungselemente – alle in unterschiedlichen Containern platziert.

Sobald Sie einmal folgendes entschieden haben:

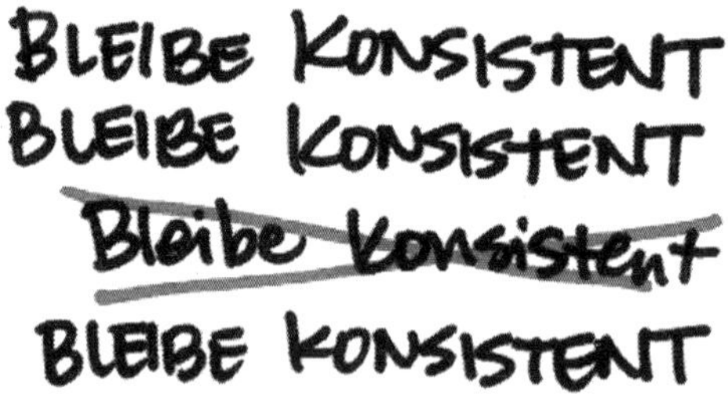

Jede der fünf Beispiel-Ebenen ist gleich dargestellt. Jedes Detail hat die gleiche Größe, denselben Maßstab und denselben Abstand von den Elementen die es unterstützt.

Brechen Sie Ihre Regeln, wenn Sie es für erforderlich halten. Wenn die Konversation, die Sie in rot, orange und gelb visualisieren, plötzlich eine ruckartige Wendung nimmt, dann nehmen Sie neue Farben für das veränderte Thema.

Fügen Sie eine neue Ebene hinzu

In vielen Meetings füllen wir Charts mit dem Inhalt der Dialoge. Tonnenweise Ideen wandern so an die Wand und jede Menge Arbeit wird so erledigt. Manchmal passiert es dann, das die Gruppe einen Schritt zurück geht und ihre Arbeit betrachtet, um dann Entscheidungen zu treffen. Dabei vertraut die Gruppe auf das gemeinsame Verstehen und wählt bestimmte Punkte, aus um diese mit anderen zu verschmelzen.

Sinnvollerweise sollte auch dieser Entscheidungsprozess im Chart festgehalten werden. Sie können z.B. mit einer anderen Farbe die Punkte Ihres Charts highlighten, die nach oben wandern. Oder sie gestalten eine neue Liste auf einem FlipChart, das neben dem Orginal-Chart steht. Sie können die Teilnehmer auch mit der klassischen Punktebewertung abstimmen lassen, indem Sie Bewertungspunkte verteilen. In diesem Bild ist jede große Idee mit einem Stern gekennzeichnet. Damit gibt es eine logische „Landebahn“ für die „einfliegenden“ Bewertungspunkte.

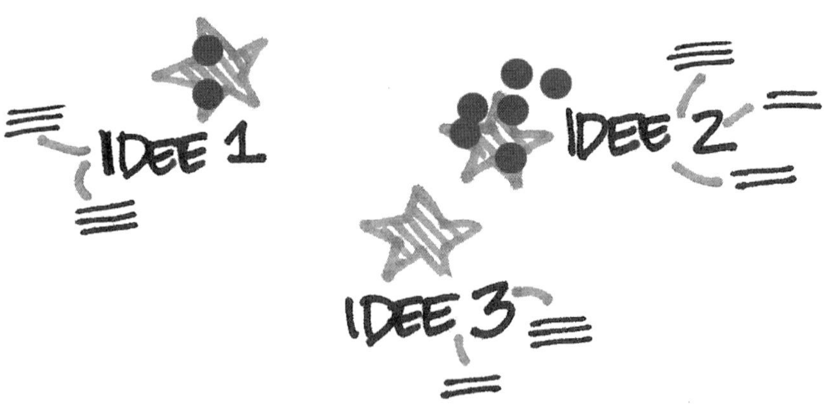

Form des Dialoges

Jeder Dialog hat seine eigene Form. Oft werde ich gefragt „Woher weißt Du, wohin sich der Dialog entwickelt?“.

Ich weiß es nicht. Ich beginne mit einem großen, leeren Papierbogen und reagiere dann auf das, was im Raum gesagt wird. Es gibt drei Schlüsselsätze zu diesem Thema:

- Sie können nicht wissen, wie sich der Dialog entwickeln wird.
- Halten Sie sich genügend Raum frei.
- Alle beobachten, wie sich die Form zusammensetzt.

Halten Sie sich genügend Raum frei

Viele Charts, die im Rahmen von Workshops erstellt werden, sind primär linear – so wie in der folgenden Darstellung:

Dieses Chart erweckt den Anschein, als ob die Gespräche aus sieben Teilen bestanden hätten – alle nacheinander in einer ordentlichen linearen Folge. So wie das hier:

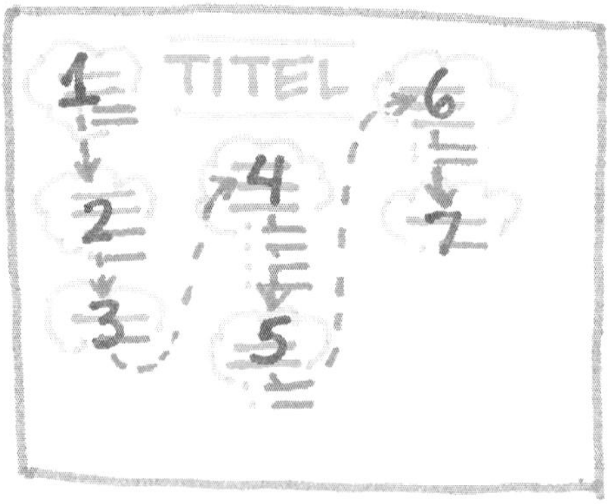

Ich weiß nicht wirklich, wie viele Dialoge auf genau diese Art und Weise ablaufen. Die Gruppe könnte z.B. erst über Punkt 1 sprechen, gefolgt von 2, 3 und 4 – bis jemand wieder einen Beitrag zum ersten Punkt liefert. Oder etwas Verbindendes zwischen Punkt 4 und 3 äußert.

Natürlich können Sie das linear aufzeichnen, wenn Sie möchten, dass Ihr Chart ganz aufgeräumt daherkommt. Aber dadurch werden Sie kaum den organischen Verlauf und die Verknüpfungspunkte des Meetings wiedergeben. Daher hoffe ich mal, dass die **Prinzipien des Zerteilens, Verbindens und das Denken in Ebenen** Sie bereits jetzt von der linearen Arbeitsweise hin zu einer neuen Art des Arbeitens führen, die Ihnen mehr Raum zur Entfaltung lässt.

Ein sehr einfaches Prinzip z.B. ist es, in der Mitte des Papiers zu beginnen. Es mag sich riskant anfühlen, aber Sie werden dafür mit deutlich mehr Flexibilität belohnt.

Stellen Sie sich Ihr Chart als einen runden Kuchen vor, den Sie in Stücke teilen. Die Hauptpunkte platzieren Sie in der Nähe der Mitte um z.B. wie folgt von der Mitte aus arbeiten:

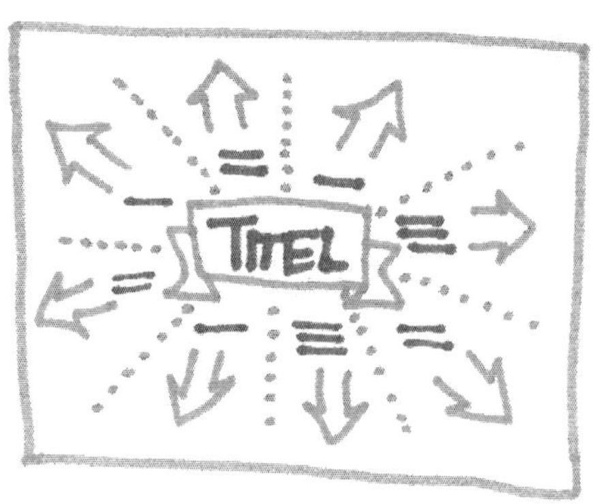

Die Kuchenstücke werden breiter, je weiter sie vom Zentrum entfernt sind und geben Ihnen so mehr „Handlungsspielraum". So laufen Sie nicht Gefahr, sich „in die Ecke zu zeichnen".

Wenn Sie den Facilitator bzw. Kunden vor dem Termin anrufen, können Sie schon im Vorfeld etwas über die geplante Form des Dialoges erfahren. Wenn Sie z.B, wissen, dass die Gruppe innerhalb der ersten Stunde drei Fragen zu beantworten hat können Sie Ihr Chart in drei Stücke aufteilen. Aber machen Sie das besser mit dem Bleistift, denn Sie wissen nie, ob sich der Ablauf oder die Agenda nicht doch noch spontan ändert.

Mit der Zeit werden Sie immer mehr visuelle Formen des Dialoges kennenlernen. Wie z.B. die horizontale Form einer „History Map" entlang eines Zeitstrahles. Oder Charts mit vertikalen Elementen, wenn z.B. parallele Diskussionsrunden stattfinden.

Verwenden Sie Anker und Lassos

Um ein Thema zu benennen gibt es zwei einfache Wege:

Verankern Sie es bereits zu Beginn der Veranstaltung.

Rahmen Sie es nachträglich mit einem „Lasso" ein.

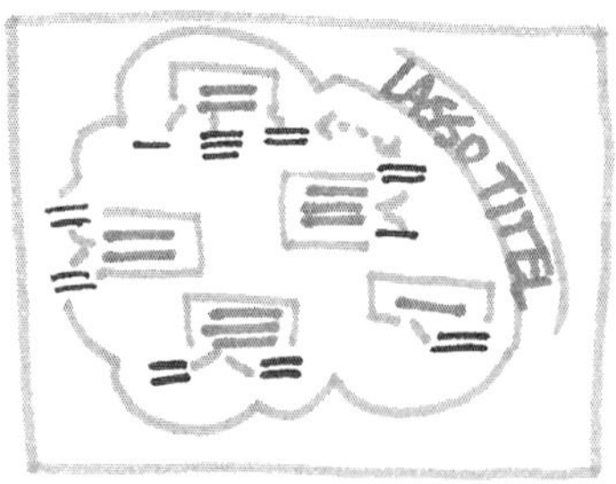

Sie können ein Chart mit dem Titel beginnen. Das ist vor allem für Anfänger eine sinnvolle Vorgehensweise – denn es gibt Ihnen die Chance mit dem Zeichnen zu beginnen, während Sie zuhören. Einigen hilft das dabei „warm zu werden“. Aber achten sie darauf, dass der Titel nicht zu viel Raum einnimmt.

Sie könnten den gesamten Inhalt um den zentralen Titel herum gruppieren. Nochmals: nutzen Sie den Raum, um sich nicht versehentlich in die Ecke zu zeichnen.

Im umgekehrten Fall erstellen Sie zuerst die visuelle Landkarte und betiteln sie dann nachträglich. Zeichnen Sie z.B. eine dicke Linie um alle Punkte, die zu einem Thema gehören.

Grundsätzlich ist es so, dass Anker und Lassos zwei verschiedene Typen von Bildern erzeugen:

Ein zentraler Anker ermöglicht es dass sich die Dialoge ausbreiten. Diese Art der Darstellung erzeugen das Gefühl dass die Dialoge offen und noch im Gange sind.

Ein Lasso oder andere Form, die um die Inhalte gezeichnet wird schnürt das Thema visuell ein. Es entsteht der Eindruck, dass „alles im Kasten ist“, das Thema fixiert, fertig, abgeschlossen.

Jeder beobachtet, wie die Zeichnung Gestalt annimmt

Ja, es gab Projekte, bei denen ich so etwas wie das hier gemacht habe:

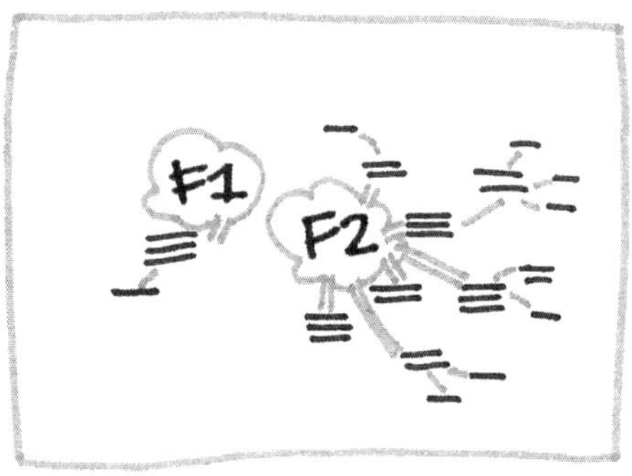

Zwei Fragen werden gestellt – eine wird schnell und abschließend beantwortet. Die andere Frage entzündet eine stundenlange Diskussion.

Ich hatte aber auch Charts, die so aussahen:

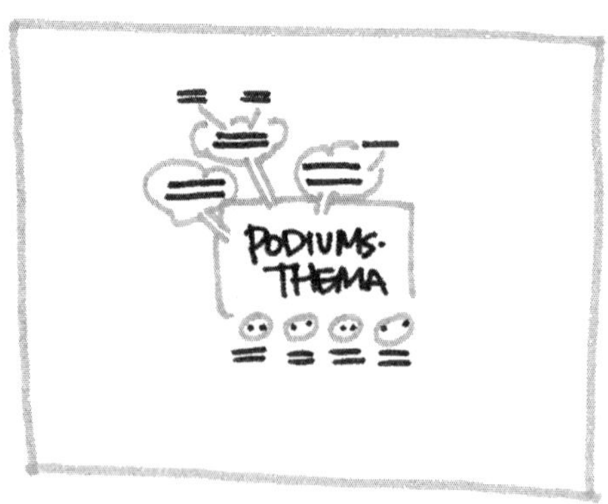

Mir wurde gesagt, es gäbe jeweils eine Stunde pro Thema und dass auf die Einhaltung der Zeit geachtet würde. Oder ich befand mich in einer Podiums-Diskussion, bei der 80 % der Zeit damit verbra(u)cht wurden, die Podiumsgäste vorzustellen und darauf überraschend wenig Diskussion folgte.

Alle waren da und hörten die schier endlosen Vorstellungen der Podiumsgäste. Natürlich auch, wie wenig sie über das eigentliche Thema diskutierten.

Vorausgesetzt, Sie haben den Inhalt erfasst und nichts ausgelassen, so ist es absolut in Ordnung, wenn das Chart die unausgeglichenen und seltsamen Verlauf wiedergibt.

Der Prozess ist anpassungsfähig. Sie reagieren auf die Gruppe und die Gruppe reagiert auf Sie. Alle haben im Blick, wie das große Bild entsteht. Sie wissen genau woher es kommt, denn sie waren dabei, wie Sie es gezeichnet haben.

Den Dialog in Form bringen: Templates

Dieser Wegweiser konzentriert sich darauf, die Gruppe dadurch zu unterstützen, dass ein großer Bogen Papier ausgerollt wird, dass Sie genau zuhören, was die Gruppe sagt und dass Sie beobachten, was getan wird. Nichts ist anpassungsfähiger als eine leere Leinwand. Sie protokollieren die Open-End Dialoge der Gruppe und lassen sie die „Kraft gehört zu werden“ spüren.

Eine andere Ausrichtung dieser Tätigkeit besteht darin mit Templates zu arbeiten. (Templates: visuelle Vorlagen). In diesen Fällen entwerfen Sie gemeinsam mit dem Facilitator im Vorfeld der Veranstaltung die Form der Dialoge und gestalten ein Template, in das Sie, der Facilitator oder die Gruppe dann später hineinarbeiten.

Das richtige Template, richtig gestaltet und zum richtigen Zeitpunkt eingesetzt, kann sehr hilfreich sein. Allerdings sehe ich in der Verwendung von Templates zwei Gefahren: Nicht das richtige Template zu haben und Fill-in-the-Box-Denken.

Vorbereitete Templates sind schwer anzupassen, wenn sich die Bedürfnisse im Meeting ändern. In den seltenen Fällen, bei denen ich Templates gestaltet habe, tat ich dies spontan tun vor Ort. Deshalb waren sie einfach gehalten und sahen nicht zu „poliert“ aus. Templates sollten stilistisch so ungeschliffen wie möglich wirken, damit sie nicht als unantastbar empfunden werden. Ein computergezeichnetes laminiertes Template wirkt glatt und auch eher einschüchternd. Handgezeichnete Templates auf ganz normalem FlipChart-Papier werden als viel zugänglicher wahrgenommen.

Templates haben eine festgelegte Form. Sagen wir mal, es gäbe fünf festgelegte Bereiche zum Ausfüllen. Diese vorgefertigten Grafiken helfen den Teilnehmern dabei, all diese fünf Bereiche zu berücksichtigen. Allerdings kann das auch dazu führen, dass nur an diese fünf Bereiche gedacht wird. Die Anweisung, ein Template auszufüllen beschränkt das Denken der Gruppe auf das, was vor ihr liegt. So kann es passieren, dass auf Punkte, die nicht auf dem Template stehen, eben auch nicht eingegangen wird.

Wenn Sie die Dialoge mit Templates formen möchten, sollten sie sorgfältig gestaltet sein, dass sie den Ansprüchen des Meetings gerecht werden. Wählen Sie den Stil jedes Templates (Maßstab, Material, handgezeichnet oder computergezeichnet) so, dass es auch verwendet wird.

In der Praxis

Schauen Sie sich die Agenda an. Auch wenn es wichtig ist, dass sich die Form der Dialoge frei entwickelt, so kann es hilfreich sein, auf der Agenda nach Hinweisen für diese Form zu suchen. Eine Diskussion könnte z.B, rund um drei Fragen aufgebaut sein – oder drei Schlüsselgruppen. So könnten Sie die Dreiteilung in Ihrer Visualisierung der Inputs aufnehmen. Nochmals: passen Sie Ihre Zeichnung dem tatsächlichen Gesprächsverlauf an an. Stülpen Sie nicht Ihre Idee der Form über das Gesagte.

Die Aufzeichnung einer Session über die Anfänge der Graphic Facilitation anlässlich der 15. internationalen Konferenz der IFVP (International Forum of Visual Practitioners). Während die Redner vorgestellt wurden zeichnete ich eine riesige Schleife und die Zahl 15 um den feierlichen Charakter der Veranstaltung zu betonen. Die bandähnlichen Pfeile die sich von der Schleife wegbewegen, bilden eine Zeitleiste. Das zentrale Bildelement habe ich außerhalb der Mitte platziert und so zwei Drittel der Fläche für Gespräche über die Vergangenheit vorgesehen. Das verbleibende Drittel bot Raum für zukunftsorientierte Dialoge, hätte aber auch leer gelassen werden können, wenn keine entsprechenden Redebeiträge gekommen wären. Hier ein Ausschnitt aus der fertigen Visualisierung:

Zurücktreten & betrachten

Wir arbeiten im großen Maßstab. Und oft stehen wir dabei nur einen Arm weit vom Papier entfernt. Damit sind wir unserer Arbeit so nah, dass wir sie nicht aus der Perspektive der Gruppe wahrnehmen können.

Treten Sie zurück und betrachten Sie Ihre Arbeit. Bewegen Sie sich im Raum und überprüfen Sie, wie das Chart von der Mitte des Raumes oder von der hintersten Reihe aussieht.

Wenn wir zu nahe an unserer Arbeit stehen, laufen wir Gefahr, dass viele unserer Charts so aussehen:

Der gesamte Inhalt ist relativ klein dargestellt und befindet sich auf einem Level. Schon aus geringer Entfernung ist es „überraschenderweise“ nur noch schwer lesbar. Irgendwie sieht alles aus wie eine Handvoll hingeworfenes Popcorn.

Im Zuge der Entwicklung Ihrer Fertigkeiten und der Anwendung der sechs Denkprinzipien werden Ihre Charts hoffentlich eher so aussehen:

Sie können aus der Entfernung deutlich mehr lesen. Sie können organisatorische Ebenen erkennen.

Wie ich schon im Kapitel **„Gesehen werden“** gesagt habe, können wir nicht auf das Sehvermögen jedes einzelnen im Raum eingehen. Aber wir sollten immer wieder einmal ein paar Schritte zurücktreten um unseren eigenen Blickwinkel zu verändern.

In der Praxis

Nutzen Sie die Pausen, um nach hinten zu gehen und von dort zu sehen. Wenn Sie das während des Workshops täten, dann würde das die Gruppe stören. Wenn Sie live eine andere Perspektive einnehmen möchten, dann ist die einfachste Methode: **Augen zusammenkneifen.**

Treten Sie immer mal wieder einen Schritt zurück, um Ihre Arbeit zu betrachten. Während eines mehrtägigen Projektes sollten Sie solche „Pausen" ruhig mehrmals täglich einlegen. Unterscheiden sich Ihre Charts voneinander? Der goldenen Regel **„Content is King"** folgend – verwenden Sie Farben oder Motive, um Ihre Charts voneinander zu unterscheiden, aber sind sie dabei immer noch am Inhalt orientiert?

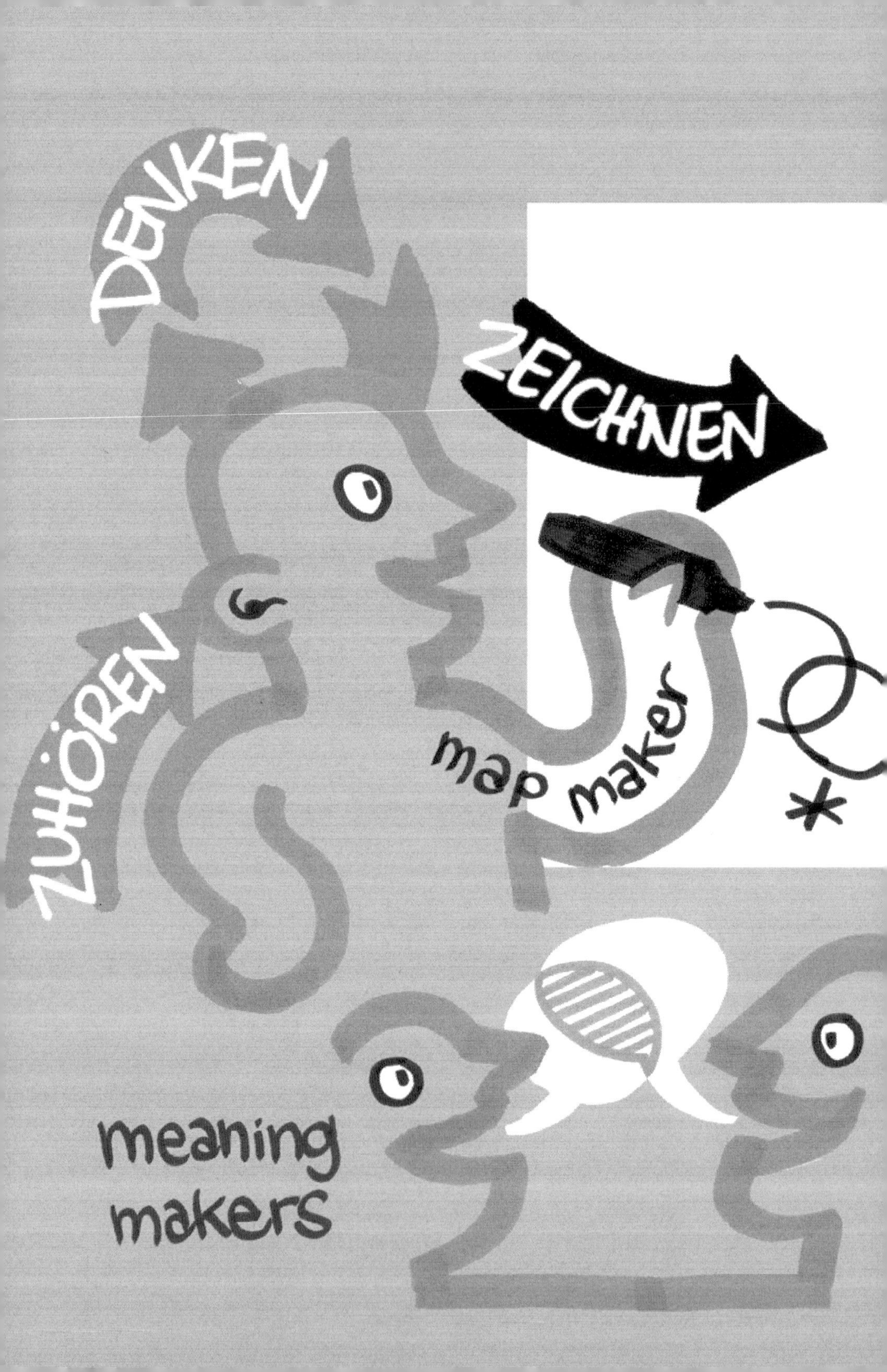
DENKEN
ZEICHNEN
ZUHÖREN
map maker
meaning makers

ZEICHNEN

Jedes Zeichnen hat Bedeutung

Als menschliche Wesen sind wir so etwas wie Bedeutung schaffende Automaten. Wir suchen in jedem Input, den unsere Sinne wahrnehmen, nach Bedeutung. Jedes Zeichen, das wir setzen, hat eine Bedeutung.

Die Anwesenheit eines unterstützenden Graphic Facilitators ermöglicht es der Gruppe, zu erkennen, wie ihr Werk Gestalt annimmt. Sie macht den flüchtigen, temporären Akt des Gesprächs konkret, indem dieser zeichnerisch auf Papier festgehalten wird. Transparenz und Verständlichkeit dieser Zeichnungen erlauben es den Teilnehmern, Ihre Gespräche aus einer anderen Perspektive zu betrachten. Sie fügen ein neues Element ins Procedere und geben jedem im Raum damit eine neue Möglichkeit , Bedeutung zu schaffen.

Alle Augen sind auf Sie gerichtet. Die Teilnehmer beobachten Sie, damit sie erkennen, wie Sie deren Beiträge und den Prozess reflektieren. Jeder Markerstrich kann ihnen Hilfe und Orientierung sein. Allerdings auch Verwirrung und Ablenkung. Auch wenn Sie als Graphic Facilitator ein Zeichen ohne jegliche Bedeutung aufs Papier bringen, werden nämlich Ihre Teilnehmer versuchen, darin einen Sinn zu erkennen.

Das soll Ihnen keine Angst machen. Sie liegen zu 80 % richtig – 80 % der Zeit. Sie sollten sich nur über einige Dinge im Klaren sein, wenn Sie daran gehen, die anderen 20 % anzupacken.

Nun, lassen Sie uns ein Zeichen setzen —

Wege, um Zeichen bedeutungsvoll zu machen

Form

Beginnen wir als erstes mit der Form. Was ist das? Wir wissen, dass es eine Kurve ist, die nach links offen ist und unten einen kleinen vertikalen Stamm hat.

Qualität der Linie

Die von Ihnen gewählte Linienart wirkt unterstützend auf die Bedeutung. Diese Form könnte durch eine zarte Linie für Rauch stehen.

Oder eine kräftige Linie, wie ein stabiler Kleiderhaken, auf den Sie ihren Wintermantel hängen.

Farbe

Die Wahl der Farbe gibt Hinweise auf die Bedeutung. Hier ist unsere Form pink und wird zum Ohr eines glatzköpfigen Mannes.

Platzierung

Wenn wir unsere Form duplizieren und spiegeln erhalten wir hier die Mütze eines Koches.

Ausrichtung

Wenn wir unsere Form so drehen, dass Sie nach oben offen ist, könnte es eine Schöpfkelle sein.

Oder eine rundliche Cartoon-Nase. Oder aber ein Haken, an dem Sie Ihre Lieblingstasse aufhängen können.

Oder ein Berg, eine Schmalzlocke, oder eine hügelige Frisur.

Lage

Auch wo ein Zeichen in Bezug zu anderen Zeichen platziert wird, ist für die Bedeutung relevant. Ich kann ihnen in diesem Beispiel nicht sagen, was das Zeichen darstellt – aber es sitzt näher an der knubbeligen Form als an dem Quadrat.

Detail

Wenn Sie Ihr Zeichen mit weiteren Details anreichern, so kann dies dabei helfen, die Bedeutung klarer zu machen. Nun ist unser Zeichen ein kräftiges, fettes 3D-Fragezeichen und steht für die große Frage.

Beschriftung

Zeichen und Text können gute Freunde sein. Durch eine Beschreibung kann ein mehrdeutiges Zeichen eindeutig werden.

In der Praxis

Setzen Sie bedeutungsvolle Zeichen. Sie können z.B. ein Gesicht zeichnen und diesem durch einfache Zeichen Ausdruck verleihen:

Machen Sie jedes Zeichen bedeutungsvoll! Ich persönlich verschwende keine Zeit damit, mein Bild unnötig zu verzieren. Ich füge nur dann Details hinzu, wenn es dabei hilft, die Bedeutung des Bildes noch klarer zu machen.

Treffen Sie eine Wahl und bleiben Sie dabei. Wir haben dieses Thema schon einmal gestreift, aber es lohnt sich, dies zu wiederholen. Bleiben Sie konsistent in Ihren Entscheidungen. Menschen bemerken Unregelmäßigkeiten und fragen sich, warum hier eine Ausnahme gemacht wurde.

Seien Sie selbstbewusst in Ihrem Strich. Setzen Sie deutliche Zeichen, auch wenn Sie vielleicht noch nicht perfekt sind. Unterbrochene zögerliche Zeichen sorgen für Unbehagen innerhalb der Gruppe – vor allem, wenn dies mit nervöser Körpersprache gepaart wird. Auch wenn Sie neu in diesem Feld agieren – seien Sie selbstbewusst. Die Menschen werden ihnen ein wenig Wackeligkeit in Ihrer Arbeit verzeihen, wenn es ansonsten einen flüssigen Eindruck erzeugt. Auch meine Arbeit ist manchmal etwas wackelig – aber niemals nervös.

Komplettieren Sie Ihre Formen. Dabei müssen Sie nicht pingelig sein, aber die Formen sollten wohlgeformt und abgeschlossen sein. Hier sind einige Beispiele:

Das ist eine ordentliche Box, die der Person Halt gibt. Da das Rechteck aber nicht fertig gezeichnet wurde...

...könnte dies den Betrachter ablenken. Die Energie innerhalb der Form könnte durch diese Öffnung entweichen.

Diese Figur steht auf einem Ball, aber die Linien treffen sich nicht wegen der unterschiedlichen Höhen.

Betrachter könnten hier abgelenkt werden und gedanklich versuchen, die Linie zu korrigieren.

Zugegeben, einige Teilnehmer sind visuell empfindlicher als andere. Einige werden schier wahnsinnig, sobald sie ein schiefes Bild an der Wand sehen, sind Ihnen aber nicht böse wegen eines falschen Apostroph's. Andere wiederum treibt der Fehler im vorigen Satz zum Wahnsinn, aber der verunglückte Kreis stört sie überhaupt nicht. Als Graphic Facilitator sollten Sie versuchen, alle ablenkenden Zeichen zu vermeiden – den schiefen Kreis genauso wie die falsche Zeichensetzung.

Am Vorabend eines spontanen Graphic Facilitation Workshops, den ich in Deutschland leitete, war ich als Gast in einem Anfängerkurs, den meine Kollegen durchführten. Zum Ende dieses Kurses präsentierten die Teilnehmer ihre finalen Charts. Ich hatte während meiner Schulzeit einmal deutsch gelernt. Aber da dies bereits über 20 Jahre zurücklag, musste ich mit „eingerosteten" Ohren lauschen.

Ein Teilnehmer hatte ein Chart gezeichnet, das in 5 vertikal absteigenden Bereiche geteilt und Zick-Zack-förmig aufgebaut war.

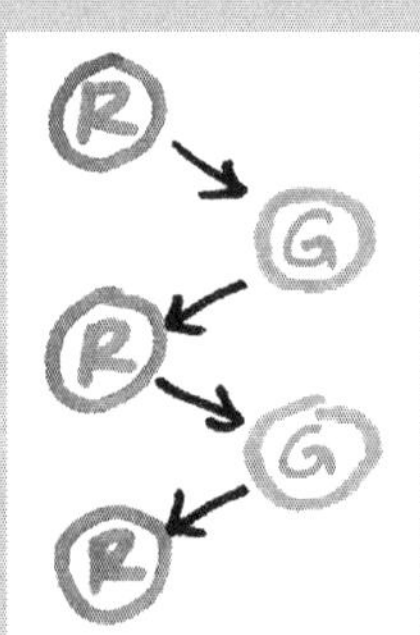

Dabei hatte er die Elemente der linken Seite in rot, die der rechten Seite mit gelb gezeichnet. Sofort fragte ich mich, warum die beiden Seiten farbkodiert waren. Ich konnte auch die Fragezeichen in den Gesichtern seiner Kollegen erkennen. Dann fragte einer der Kollegen, warum es denn farbkodiert sei.

Es stellte sich heraus, dass er einfach zwischen den beiden Farben abgewechselt hatte, ohne dass ihm dabei klar war, dass das Ergebnis so aussehen würde. Es war sehr erhellend für mich, trotz der Sprachbarriere zu erkennen, dass die Situation für die Anwesenden nicht komfortabel war und wie sie gemeinsam versuchten, die Bedeutung der Darstellung zu erkennen.

Das Thema wurde innerhalb der „Klasse“ diskutiert und so hatten die Teilnehmer diese Mini-Fallstudie schon ganz zu Beginn ihrer Tätigkeit eine Chance, in Zukunft fragende Gesichter zu vermeiden.

Die Unentbehrlichen Acht

Als wir uns zu Beginn über die Fähigkeiten eines Graphic Facilitators unterhielten, haben wir festgestellt, dass die Rolle zu gleichen Teilen aus Zuhören, Denken und Zeichnen besteht:

Nun werden wir die Komponenten des Zeichnens so herunterbrechen, dass Sie in Balance bleiben. Treten Sie nicht in die „Zeichenfalle“:

Verständlicherweise ist der Zeichenpart derjenige, der die meisten erst einmal einschüchtert. Ich bin Ihr Wegweiser und es stimmt: ich habe einen künstlerischen Hintergrund. Aber ich kann Ihnen versichern, dass die meisten Graphic Facilitator, die ich kenne, nicht von der künstlerischen Seite kommen. Allerdings stelle ich fest, dass viele „Practitioner", die aus den Bereichen Kunst, Design oder Illustration kommen, dazu neigen, den zeichnerischen Part überhand zu nehmen zu lassen. Sie lassen sich vom Produkt gefangen nehmen und vergessen dabei den Prozess. Sie müssen ihre Zeichenfähigkeiten wieder ein Stück weit loslassen, denn mit ihnen sind sie meist nicht **„schnell wie ein Hase"**. Oder sie verlieren die Prämisse **„Content is King"** aus den Augen.

Lassen Sie uns das Zeichnen auf folgende Komponenten herunterbrechen: **Die Unentbehrlichen Acht.** Das ist das Zeichnen innerhalb des Kontextes von Graphic Facilitation.

Die Unentbehrlichen Acht

BESCHRIFTUNG

Perfekt lesbar.
Schnell gezeichnet!

BLICKFANGPUNKTE

Verdeutlichen spezielle Punkte.
Farb- und Symbol-Kodierung

FARBE

Leuchtend und einladend.
Zum Organisieren verwendet.

LINIEN

Verbinden und beinhalten Ideen. Unterscheiden Sie durch dicke und dünne Linien.

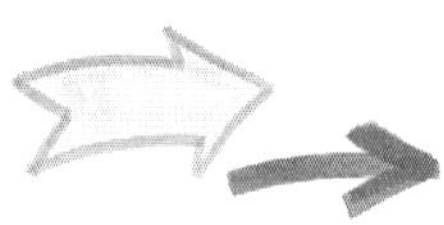

PFEILE

Lenken Aufmerksamkeit, erzeugen Fluss und Bewegung.

FIGUREN

Bringen Leben in die Arbeit.
Können Gefühle ausdrücken.

BOXEN

Heben hervor und unterscheiden. Guppieren Ideen.

SCHATTIERUNG

Heben Punkte von der Fläche ab. Fügen eine Dimension hinzu.

Die Unentbehrlichen Acht sind sequenziell. Jedes Element baut auf einem vorhergehenden auf. Sie sollten zuerst das Schreiben beherrschen, bevor Sie sich mit den Bulletpoints auseinander setzen. Das mag sich allzu einfach, langweilig oder didaktisch anhören. Aber es funktioniert! Ich hatte tempogeladene Projekte, in denen ich nur Schrift, Linien und Farbe eingesetzt habe. So konnte ich meinem Kunden dienen, ohne ein einziges Symbol verwendet zu haben. Dagegen habe ich schon Anfänger gesehen, die sich in einem Meeting damit aufhielten, Blockschriften mit Schatten zu versehen und dabei die Dialoge komplett aus dem Fokus verloren. Auch habe ich schon Leute gesehen, die waren fantastische Illustratoren, aber sie hatten eine lausige Handschrift.

Wenn Sie nach einem Weg zu üben suchen, dann empfehle ich Ihnen, schon früh mit **den Unentbehrlichen Acht** zu beginnen. Von dort aus können Sie dann weiter aufbauen. Sollte Ihr Gehirn in einem Meeting einen „Kurzschluss“ erleiden, dann gehen Sie einfach zurück zum ersten Feld und erden sich dort, um wieder zurück in die Spur zu kommen.

Lasst uns anfangen!

Ich hatte einmal ein großes Projekt mit Köchen, die neue Food-Konzepte testen sollten. Wir arbeiteten über mehrere Tage in verschiedenen Küchen miteinander. Immer wenn eines der Köche-Teams sein Konzept offenbarte, stand ich an meinem FlipChart bereit. Jedes Konzept bekam sein eigenes Chart. Ich hielt die Idee des Koches fest und natürlich auch Rückmeldungen und Fragen der Tester. Diese flogen geradezu herein. Viele dieser Charts entstanden daher in weniger als fünf Minuten.

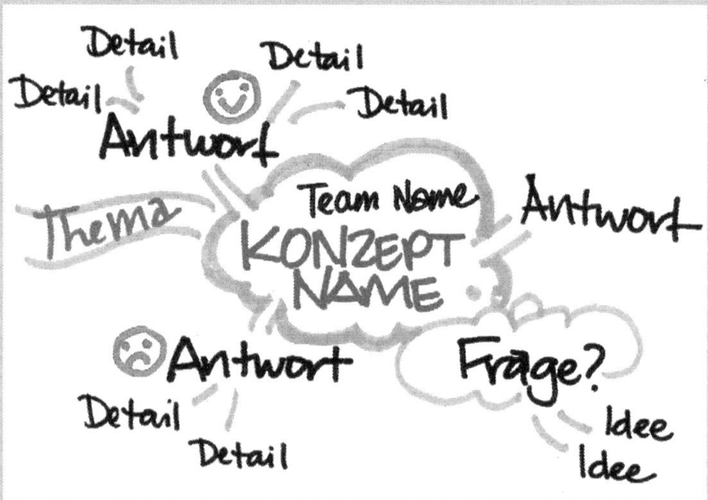

Obwohl sie nur sehr wenig zeichnerische Elemente enthalten, halfen sie dem Kunden sehr. Ich verwendete Farben, Linien und Maßstab, um die Ideen auf dem Blatt zu organisieren. Einfache Gesichter fingen schnell die Reaktionen ein. Während einer ganzen Reihe dieser Veranstaltungen wurden es eine ganze Menge solcher Konzepte. Ich verwendete für jedes Konzept dieselbe Struktur und so war es für den Kunden sehr einfach, sich an die einzelnen Konzepte zu erinnern und sie miteinander zu vergleichen. Da jedes Konzept eine eigene visuelle Karte bekam konnten die Köche sie einfach sortieren, schwache Ideen herausfiltern und stärkere Ideen priorisieren.

Lassen Sie uns einen näheren Blick auf **Die Unentbehrlichen Acht** werfen. Jeder Schritt endet mit einem Beispiel-Chart, in dem alle Elemente versammelt sind, die bis dahin behandelt wurden.

Perfekt lesbar
Schnell gezeichnet!

Vielleicht denken Sie jetzt „Was? Buchstaben werden geschrieben, nicht gezeichnet!"

Stellen Sie sich das Schreiben als Zeichnen von 52 tadellosen Formen dar – 26 Groß- und 26 Kleinbuchstaben. (Klar: In anderen Sprachen können es mehr oder auch weniger sein)

Ich habe tadellos gesagt. Vielleicht sollte ich lieber sagen: so tadellos, wie die Zeit es erlaubt. **Finden Sie die perfekte Schnittmenge zwischen Lesbarkeit und Geschwindigkeit – das ist der Schlüssel.**

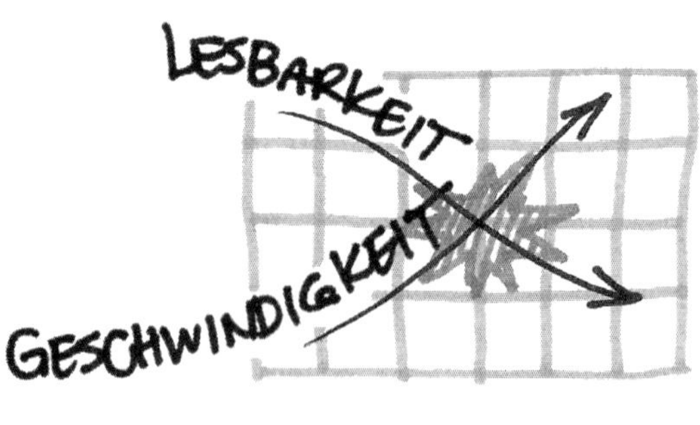

Ihre Buchstaben müssen lesbar sein und Sie müssen schnell schreiben. Damit müssen Sie stets einen Kompromiss zugunsten des einen oder anderen eingehen.

Halt! Schnappen Sie sich ein paar Blatt Kopierpapier und einen Marker. Wenn Sie mögen, können Sie das Papier in drei gleiche Teile falten – oder sie zeichnen entsprechende Linien ein. Zeichnen Sie ins erste Drittel ein Alphabet in Groß- und Kleinbuchstaben – so wie Sie es normalerweise tun würden. Im nächsten Drittel zeichnen Sie dieses so schnell, wie Sie können. Im letzten Drittel schließlich sollten Sie ein dasselbe so schön leserlich wie möglich tun.

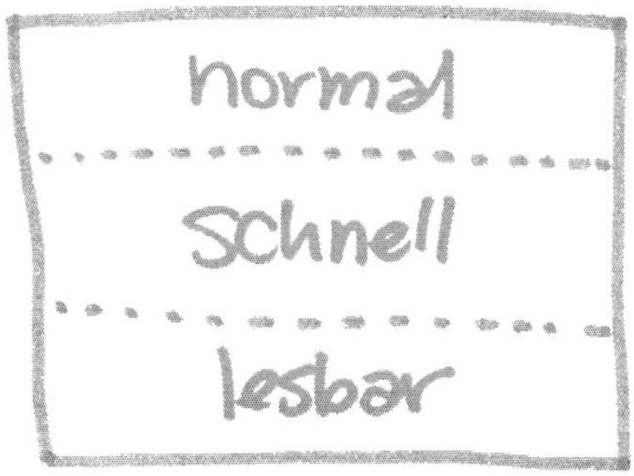

Halten Sie nun das Papier in Armlänge vor sich oder treten Sie ein wenig zurück.

Was sehen Sie oder stellen Sie fest?

Wie lesbar ist jedes einzelne Alphabet?

Welche Buchstaben „funktionieren“ und welche sollten nochmal überarbeitet werden?

THIS IS MY FASTWORKING WRITING

MY SLOW/FAST IN-BETWEEN WRITING.

MY SLOW & CAREFUL WRITING.

My scribbly personal writing

My loopy card-signing writing;

I ♥ BLOCK LETTERS.

I earned an "Insufficient" in penmanship in first grade. No, really.

Als nächstes sollten Sie ein Alphabet ganz langsam schreiben. Beachten Sie dabei ganz genau, wie sie die einzelnen Buchstaben schreiben. Wie viele Striche benötigen die einzelnen Buchstaben? Wie oft müssen Sie den Stift vom Papier abheben? Jeder gezeichnete Strich und jedes Anheben des Stiftes benötigt Zeit.

Sie könnten herausfinden, dass einige Buchstaben schneller und mit weniger Strichen gezeichnet werden können. Das ist übrigens auch der Grund warum ich meine Ypsilons so zeichne:

anstatt

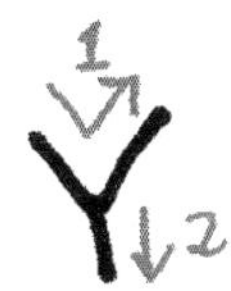

Vielleicht stellen Sie auch fest, dass es Buchstaben gibt, bei denen ein zusätzlicher Strich die Lesbarkeit verbessert. Aus diesem Grund zeichne ich meine kleinen a's „mit dem Dach". Besonders wenn ich schnell zeichne, unterscheidet dies das „a" eindeutiger vom „o" und vom „u".

anstelle

Möglicherweise empfinden Sie diese „Zerlegung" und Verbesserung Ihrer Handschrift zunächst als nervtötend oder langweilig. Aber wenn Sie Ihre kleinen Korrekturen üben, dann wird es Ihnen bald leichter von der Hand gehen und Sie werden Lesbarkeit und Geschwindigkeit optimieren. Diese Arbeit im Vorfeld wird bei jedem Buchstaben unnötige Zeit sparen und sich auf lange Sicht auszahlen. Auch wenn es bei unsere Arbeit vor allem darum geht, die verschiedensten Elemente visuell, räumlich und farbig zu ordnen – so besteht sie doch auch aus tonnenweise Schreibarbeit.

Ich würde mir die Note 2 oder 2- für die Lesbarkeit geben – aber stets eine 1 für die Geschwindigkeit.

Durchgängigkeit hat eine Schlüsselfunktion. Wie bereits im Kapitel „**Denken in Ebenen**“ erwähnt, hat jedes Zeichen eine Bedeutung. Ihre Betrachter bemerken Ähnlichkeiten und Unterschiede – auch wenn sie im mikroskopisch klein sind. Sie sollten daher stets mit den selben Buchstabenformen arbeiten.

Wenn Sie Ihre 52 Formen erst einmal „richtig drauf haben“, dann können Sie lernen, sie für spezielle Anlässe zu verändern.

Da ist als erstes die relative Schriftgröße. Schreiben Sie größere Ideen auch mit größeren Buchstaben. Kleinere, unterstützende Punkte schreiben Sie dann auch mit kleineren Buchstaben.

Für Hauptpunkte, Überschriften und Theman könnten Sie z.B. ausschließlich Großbuchstaben verwenden. Details und unterstützende Punkte schreiben Sie dann in Kleinbuchstaben bzw, gemischt.

Stil

Als letztes besteht die Möglichkeit, den Schriftstil zu variieren und über normale Druckbuchstaben hinauszugehen. Das macht viel Spaß ,wird aber kaum wirklich benötigt. Denken Sie immer an **„Content is King“** und seien Sie **„Schnell wie ein Hase“.**

Um die Frage nach dem Schrift- und auch dem Zeichenstil zu beantworten, ist es wichtig, sein Publikum zu kennen. Einige Graphic-Facilitation Stilrichtungen passen hervorragend in ein Grundschul-Klassenzimmer – andere wiederum sehen so aus, als gehörten sie in den Sitzungssaal eines Fortune 500 Unternehmens. Sie dürfen Ihren eigenen Stil haben. Er wird ein bestimmtes Publikum ansprechen. Möglicherweise möchten Sie Ihren Stil verändern, um attraktiver für Ihr Publikum zu werden. Gehen Sie den Mittelweg.

MECHANICAL DRAWING
BLOCK
SWOOSH
BUBBLES
kindergarten
whisper
You don't need serifs to make flipcharts easier to read.

In der Praxis

Nehmen Sie sich einen Stift. Je öfter Sie den Stift zwischen Buchstaben oder Worten anheben, umso besser lesbar wird das Ergebnis. Sehen Sie sich meine Beispiele an, um zu sehen, wo sich Buchstaben gegenseitig berühren. Den Stift anzuheben benötigt Zeit – daher sollten Sie die ideale Mischung finden zwischen „schnell sein“ und „gut lesbar schreiben“. Aus diesem Grund ist übrigens die Schreibschrift nicht der beste Freund des Graphic Facilitators.

Limitieren Sie die ein- und ausgehenden Striche. Diese Schwänzchen, die wir an die Buchstaben zeichnen sind Überbleibsel aus der Zeit, als wir die Schreibschrift gelernt haben. Dies wieder zu „entlernen“ führt zu klareren und besser lesbaren Buchstaben.

Stehen Sie ausgeglichen. Wenn Sie von links nach rechts schreiben sollten Sie Ihr Gewicht vom linken auf das rechte Bein verlagern. So bleiben Ihre Buchstaben in einer Ebene/Linie. Wenn die Schreibbewegung von Ellenbogen oder Schulter ausgeht, wird die Schrift eher einem Bogen um diese Drehpunkte folgen.

Schreiben Sie mit dunkler Tinte. Im Kapitel **„Die richtigen Werkzeuge für den Job“** habe ich es angesprochen. Ganz gleich, womit Sie schreiben, Sie sollten die Farben unbedingt auf Lesbarkeit überprüfen und dann nur mit den gut lesbaren Farben schreiben.

In dieser Abbildung sehen Sie, welche Farben aus meiner Palette lesbar sind. Ich würde nie mit den Farben aus der linken Spalte etwas beschriften. Die mittlere Spalte könnte ich gut für große oder Blockbuchstaben verwenden. Die rechte Spalte ist jedoch immer lesbar und für jede Art der Beschriftung eine sichere Wahl.

Als ich meine Geschäftslizenz beantragte, gab ich dem Beamten im Rathaus meine Bewerbung. Er studierte sie aufmerksam und fragte mich dann, „Sind Sie auf eine katholische Schule gegangen?“
Ich war ganz erstaunt: „Oh, nein.“
„Sind Sie ein Ingenieur?”
Ich schüttelte meinen Kopf.
„Aber warum haben Sie dann so eine gute Handschrift?“
Ich lachte „Ich schreibe vor Leuten und verdiene mein Geld damit.“
Es war schön, jemanden kennenzulernen, der eine gute Handschrift zu schätzen weiß.

Rechtschreibung

Das Thema Rechtschreibung muss nicht beängstigend sein. Auch wenn Rechtschreibung nicht wirklich Ihre Stärke ist, können Sie dies durch die Ausprägung Ihrer anderen Fähigkeiten wett machen. Aber auch wenn Sie ein großer Rechtschreiber sind, können Sie Fehler machen.

Ich sage es gerne noch einmal: Ihr Publikum möchte, dass Sie erfolgreich sind. Sie arbeiten mit Ihnen und nicht gegen Sie. Wenn mich jemand öffentlich auf einen Schreibfehler hinweist – was glücklicherweise selten geschieht, dann beobachte ich auch die Reaktion der Gruppe. Die meisten halten denjenigen, der mich öffentlich verbessert, für einen Idioten. Die Leute verstehen, was Sie da schreiben, ungeachtet des Schreibfehlers.

Meine Lieblingsantwort auf einen Fehler? Ein Kollege zeichnet einfach eine rote Schlangenlinie unter das Wort – so wie die Rechtschreibkorrektur in einem Textverarbeitungsprogramm:

In der Praxis

Erklären Sie sich. Wenn Sie wissen, dass Sie in Rechtschreibung schlecht sind, dann lassen Sie es die Teilnehmer einfach wissen, bevor es losgeht. Dann wird es sie weniger stören, wenn Sie mal einen Fehler machen – und Sie spüren weniger Druck.

Fragen Sie nach Korrekturen – in der Pause. Lassen Sie es die Teilnehmer wissen, dass es okay für Sie ist, wenn Sie ihnen helfen. Bitten Sie darum, dies in der Pause zu erledigen, damit der Arbeitsfluss nicht unterbrochen wird.

Nehmen Sie sich immer Korrekturpads oder weiße Adressetiketten mit. Diese sind Ihre Version der Korrekturflüssigkeit, bzw. Ihr „Lösch-Button“.

Überkleben Sie Ihren Fehler mit Adressetiketten.

Nun können Sie den Fehler korrigieren.

Nehmen Sie sich ein Wörterbuch oder ein Smartphone mit. So können Sie in eigener Regie Korrekturen vornehmen, wenn Sie die Chance haben, eine Pause einzulegen. Achten Sie darauf, das diskret zu tun, damit nicht der Eindruck entsteht, Sie würden sich ablenken.

Schreiben Sie über das Geschriebene. Das ist nicht elegant aber schnell. Eines meiner verzwickten Wörter ist z.B. Protein. Meist schreibe ich da statt dem ei ein ie. Meine Schnell-Korrektur könnte dann so aussehen:

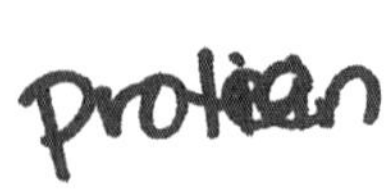

Das mache ich immer. Und ich kann mich nicht daran erinnern, dass ein Kunde das jemals kommentiert hätte. Im großen Zusammenhang ist das eher eine Kleinigkeit. Neun von zehn Leuten sind dankbar, dass sie nicht an Ihrer Stelle stehen um vor Menschen zu stehen und (richtig) zu schreiben.

Arbeiten Sie an Ihrer Rechtschreibung. Wir alle haben Wörter, die uns stolpern lassen. Bei mir sind das z.B. die Wörter „Bureau" und „Entrepeneur". Nehmen Sie sich nach einem Projekt die Zeit, solche Wörter richtig zu lernen. Auf langer Sicht wird sich dies auszahlen.

In der Oberstufe arbeitete ich ehrenamtlich bei einer gemeinnützigen Organisation. Im Frühling nahmen wir Teil an einem Wettbewerb, wie anderen die Projekte des vergangenen Jahres vorgestellt werden sollten. Wir entschieden uns für ein Sammelalbum in der total verrückten und komplizierten Form eines Busses. Da ich damals schon ein Meister in Sachen Blockschrift und Schlagschatten war, zeichnete ich auf die letzte Seite:

Nicht mein großartigster Moment, denn richtig wäre ja SUCCESS gewesen. Wir gewannen nicht. Bei der Handschrift gibt es eben keine Auto-Korrektur.

Chart mit Text:

BLICKFANGPUNKTE

Verdeutlichen spezielle Punkte
Farb- und Symbol-Codierung

Blickfangpunkte oder Bulletpoints sind nicht schick – aber sie sind nützlich. Wenn z.B. während einer Veranstaltung eine lange Liste von Punkten entsteht, werden Ihre Finger geradezu über das Papier fliegen um mitzukommen. Hier helfen Blickfangpunkte um die einzelnen Punkte voneinander zu unterscheiden.

Es gibt unzählige Optionen für den Blickfangpunkt. Er sollte zum gezeichneten Inhalt passen und schnell gezeichnet werden können.

In der Praxis:

Separieren Sie jeden einzelnen Punkt. Verwenden Sie dafür einfache Bulletpoints. Sie könnten z.B. ein textlastiges Chart wie dieses hier haben:

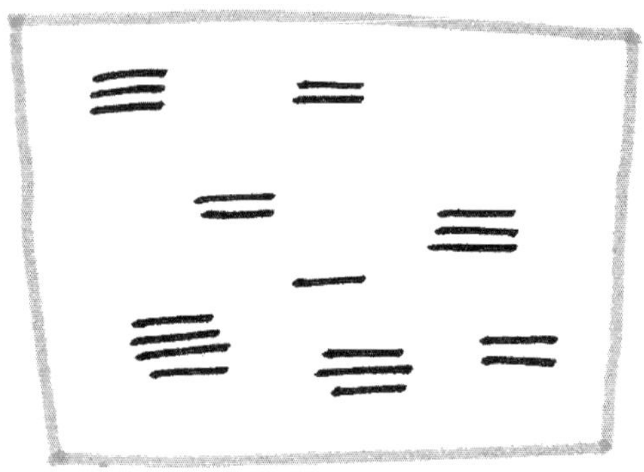

Geben Sie jedem Punkt einen Bulletpoint, der auch aus der Entfernung erkannt werden kann.

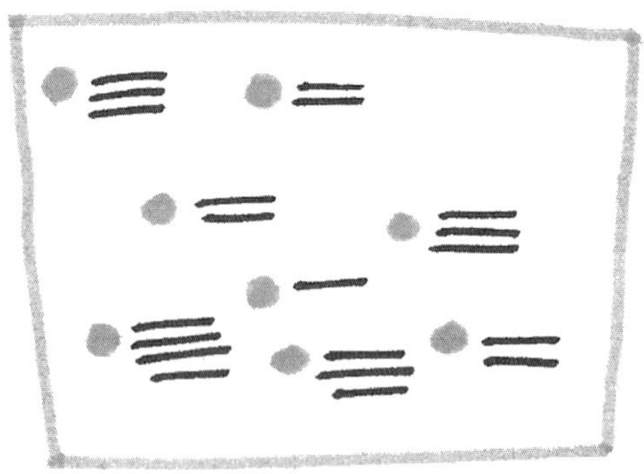

Halten Sie die Punkte einfach und schnell. Kleine Eselsbrücke: Bullets sind Kugeln – und die sind schnell! Bulletpoints setzen Zeichen. Gerade zu Beginn sollten Sie sich nicht an langsamen, detailreichen Punkten aufhalten. Sie können immer noch an diese Stellen zurückgehen und in einem ruhigen Moment Ihre Blickfangpunkte verschönern.

Codieren Sie Informationen durch Symbole und Farben. Vielleicht erstellt die Gruppe eine Liste mit unterschiedlichen Gewichtungen innerhalb der Liste. Verwenden Sie einfache, unterschiedliche Blickfangpunkte, um entsprechend Bedeutung zu erzeugen:

Meist reicht es aus, zwischen guten und schlechten Eigenschaften zu unterscheiden. Farben oder Symbole sollten Sie nur dann verwenden, wenn es für Struktur oder Bedeutung hilfreich ist.

Achten Sie auf Konsistenz! Schon so etwas einfaches wie zwei unterschiedliche Blickfangpunkte könnte Ihr Publikum ablenken:

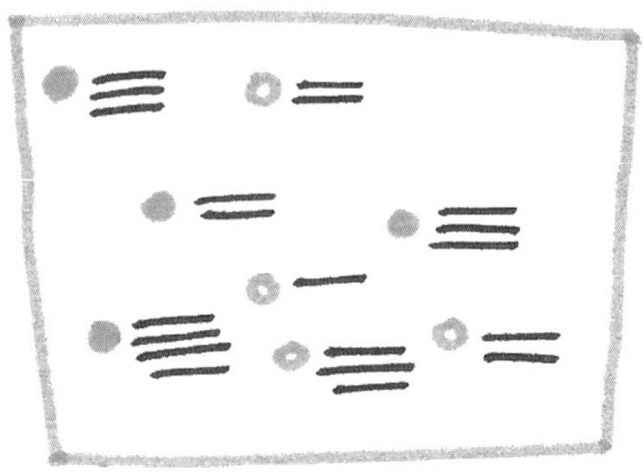

Jeder sucht in Unterschieden die Bedeutung.

Auch bei der Platzierung sollten Sie konsistent bleiben. Vergleichen Sie einmal das obere Chart mit diesem hier:

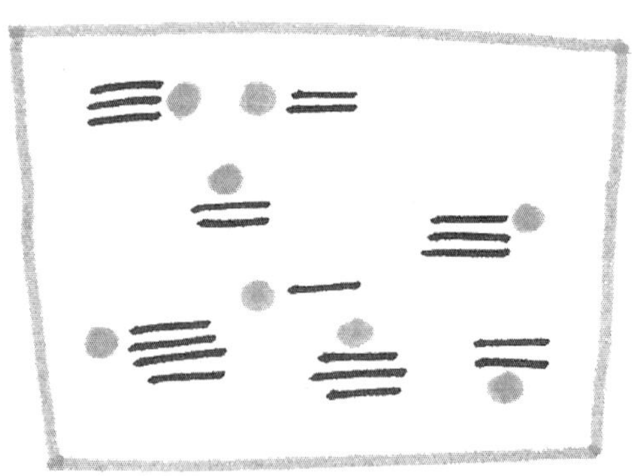

Eine veränderte Platzierung lenkt nicht so ab wie eine Veränderung der Farbe oder der Form. Dennoch kann eine durchgängige Platzierung aufgeräumter wirken.

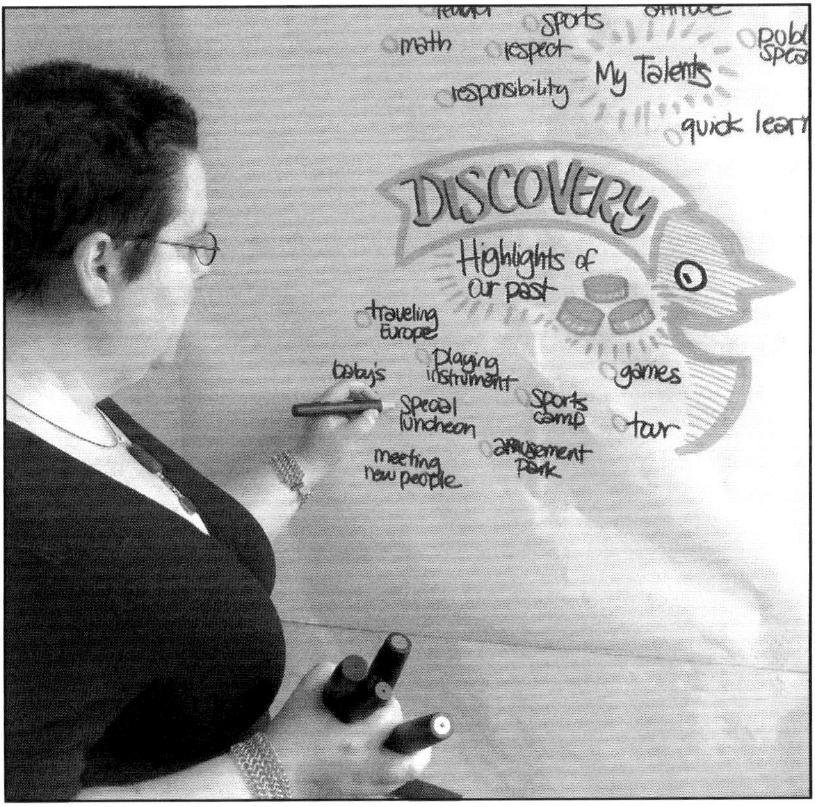

Hier zeichne ich ovale Blickfangpunkte ein, nachdem ich die einzelnen Punkte sehr schnell erfasst habe. Die Ovale sind gelb und korrespondieren mit dem Gold in den Münzen unter dem Wort Discovery.

Chart mit Text und Blickfangpunkten:

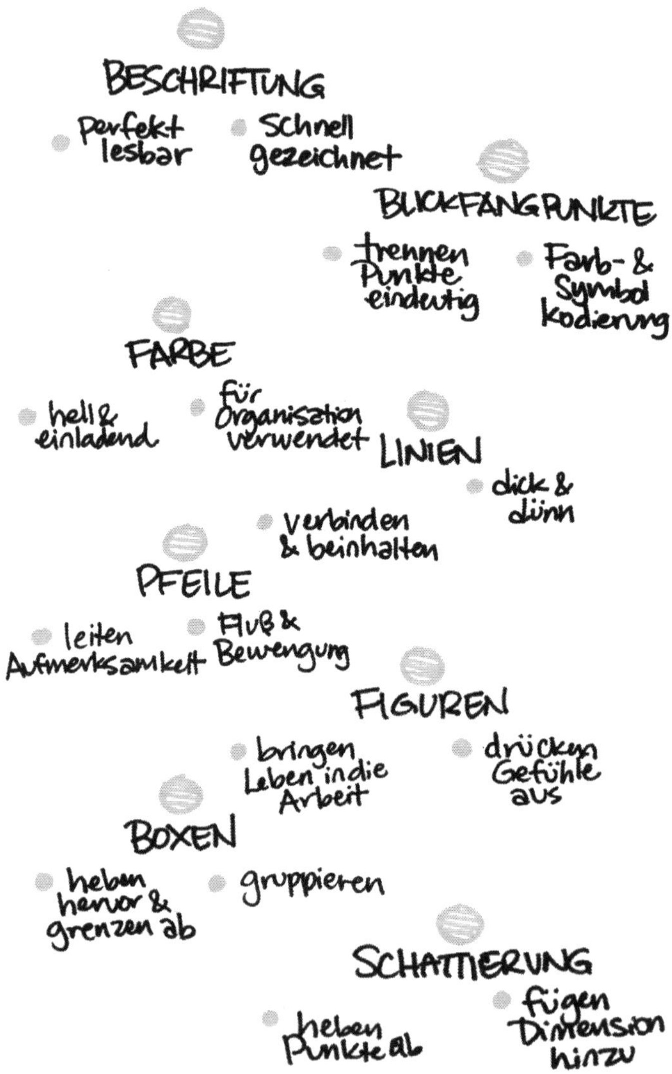

FARBE

Leuchtend und einladend. Zum Organisieren verwendet.

Ja, dies hier ist ein Schwarz-Weiß-Buch. Zeit für Ihre Kreiden, farbigen Bundstifte und Marker. Ich lade Sie herzlich ein, die Kreise auf den folgenden Seiten so zu colorieren, dass Sie das Konzept einfacher verstehen. Wachsmaler und Buntstifte tendieren übrigens weniger dazu, durch die Seiten zu bluten – wie es manche Marker tun könnten.

Jedes Zeichen hat eine Bedeutung. Die Farbe jedes Zeichens hat eine Bedeutung. Daher sollten Sie Farben bedeutungsvoll auswählen. Wir werden uns nun mit den Basics – wie Farben in Beziehung zueinander stehen – beschäftigen. Die Bedeutung der Farben ist abhängig von Ihrer Kultur und von Ihrem Auftraggeber.

Lassen Sie uns einen Blick auf den Farbkreis werfen.

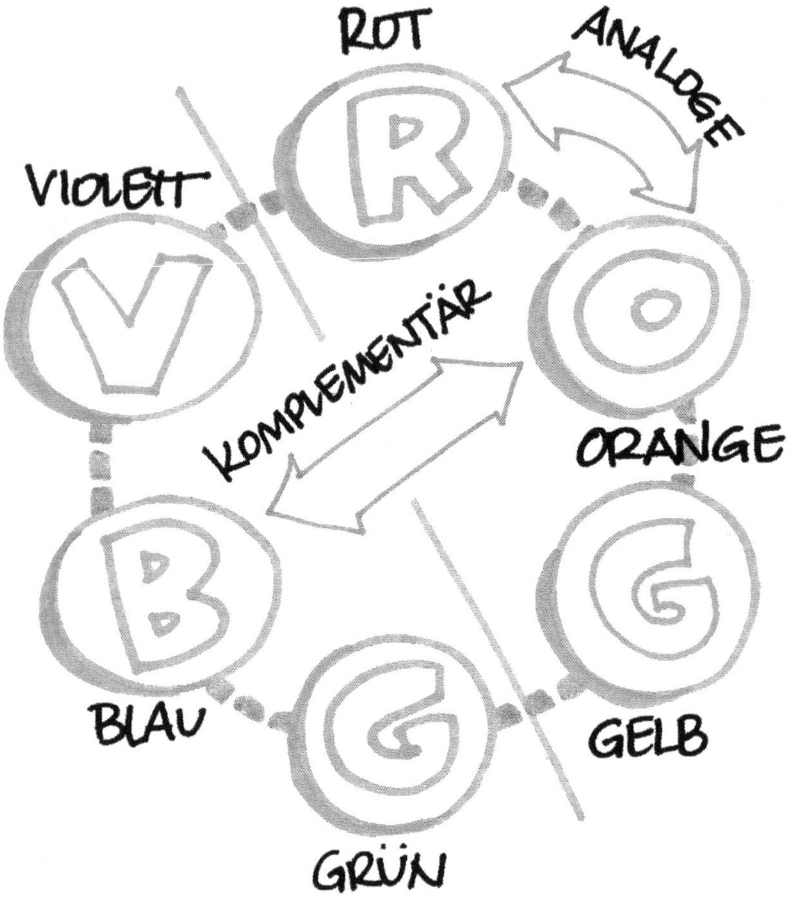

Dies ist die einfache Form des Farbkreises. Rot, Gelb und Blau sind Primärfarben. Werden Paare dieser Primärfarben miteinander gemischt entstehen die Sekundärfarben Orange, Grün und Violett. Tertierfarben, die in diesem Farbkreis nicht dargestellt werden, sind Farben die zwischen diesen Kreisen liegen – wie z.B. Rot-Orange oder Gelb-Grün

Rot, Orange und Gelb sind warme Farben.

Grün, Blau und Violett sind kalte Farben.

Farben, die sich im Farbkreis gegenüber liegen, werden Komplementärfarben genannt. Gemeinsam verwendet haben diese Farben eine dynamische, überraschende Wirkung. Solche Farbpaare wie Orange und Blau, Gelb und Violett oder Grün und Rot sieht man z.B. häufig bei Trikots bzw. Sportbekleidung, weil sie echte Eyecatcher sind.

Farben, die im Farbkreis nebeneinander liegen sind analog. Diese Gruppierungen sind „ruhiger“. Wir empfinden sie als zueinander passend.

Zu guter Letzt haben wir da noch die unterschiedlichen Farbtönungen. Hellere Tönungen erzielt man, in dem man Weiß zur Farbe hinzufügt. Dunklere Farbtönungen kommen durch das Hinzufügen von Schwarz zustande. Dunkle Farben werden als näher am Betrachter empfunden – helle Farben als weiter entfernt.

Verwenden Sie helle und dunkle Farbtöne für unterschiedliche Elemente:

Für Linien und Highlights eingesetzt, da helle Farben in den Hintergrund treten.

Für Texte und Zeichnungen, denn dunkle Farben sind besser zu erkennen.

Für Texte.

Diese dreifarbigen Gruppierungen habe ich bei sämtlichen Beispielen innerhalb dieses Buches verwendet. Als helle Farbe kam ein leichtes Gelb zum Einsatz, dunkle Farben waren Grau und Ocker – gemeinsam mit Schwarz. Der überwiegende Teil der Illustrationen in diesem Buch wurden mit diesen vier Markern gezeichnet.

Wenn Sie mit Farben Bedeutung erzeugen wollen, dann ist es am Besten, wenn Sie die Anzahl der Farben limitieren. Wenn Sie jede Farbe des Regenbogens zur Verfügung haben, bedeutet das nicht, dass Sie die unbedingt einsetzen sollten.

Meine Lieblingsmarker gibt es in 25 Farben. Ich verwende etwa zwölf davon – aber nie mehr als vier gleichzeitig, wobei eine davon stets Schwarz ist.

Warum? Weil ich möchte, dass die Farben die Ideen repräsentieren. Da wir meist Ideen gruppieren, empfiehlt es sich, Farben zu verwenden, die zusammengehören.

Ein Chart könnte Blau, Dunkelblau und Schwarz sein, weil sich alle Punkte um ein Thema drehen. Das nächste Chart könnte Grün, Dunkelgrün und Schwarz sein, weil das Thema sich von dem des vorigen Charts unterscheidet.

Sehr nah

Tönungen derselben Farbe stellen die ähnlichste Farbgruppierung dar. Blau und Dunkelblau passen in unseren Augen zusammen, wenn wir sie betrachten. Der Einsatz von Tönungen und Schattierungen empfiehlt sich am ehesten, wenn es um Ideen geht, die sich sehr ähnlich sind.

Nah

Analoge Farben liegen im Farbkreis nah beieinander. Wir empfinden diese Farben als zueinander passend. Analoge Farbschemen (wie Blau, und Violett) sind gut einsetzbar, wenn es um Punkte geht, die einander ähnlich sind.

Weit weg

Ungeachtet des Namens sind Komplementärfarben solche, die im Farbkreis gegenüber liegen. Wenn Sie unmittelbar in Kontakt gebracht werden erzeugen Sie eine Spannung. Komplementärfarben (wie Blau und Orange) können z.B. sehr gut gegenüberliegende oder gegensätzliche Punkte versinnbildlichen.

In der Praxis

Nehmen Sie Ihre Palette zur Hand. Wenn Sie Marker auswählen – prüfen Sie bitte, welche Markerfarben Tönungen sind, die eher zurücktreten und welche Schattierungen und so herausstechen. Finden Sie heraus, welche Farben miteinander harmonieren und welche visuelle Spannungen erzeugen. Stellen Sie sich eine eigene Farbpalette zusammen, aus der Sie dann wählen können.

Seien Sie selektiv. Wählen Sie innerhalb Ihrer Palette ähnliche Farben für ähnliche Ideen. Das bedeutet „eine Farbe oft verwenden“ und nicht „viel Farbe verwenden“. Verwenden Sie Farbe, um Organisation und Bedeutung zu schaffen.

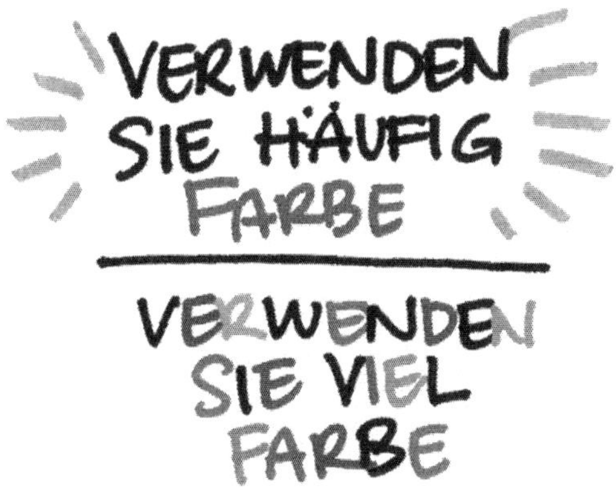

Sie sollten die Farben Ihres Kulturkreises kennen. Auch, was Farbe für Ihr Publikum bedeutet. Wenn Sie innerhalb einer Gemeinschaft tätig sind, dann werden die meisten Farben für die Mehrzahl der Anwesenden dieselbe Bedeutung haben. Es ist sehr nützlich, wenn Sie die Logo-Farbe Ihres Auftraggebers kennen – und auch die seiner Wettbewerber. Wenn das Firmenlogo grün ist, bedeutet das aber nicht, dass alles grün werden muss. Vielleicht zeichnen Sie aber ein grünes Firmengebäude. Merken Sie sich die Wappenfarben einer Schule oder die Flaggenfarben einer Stadt oder eines Landes.

Chart mit Text, Blickfangpunkten und Farbe:

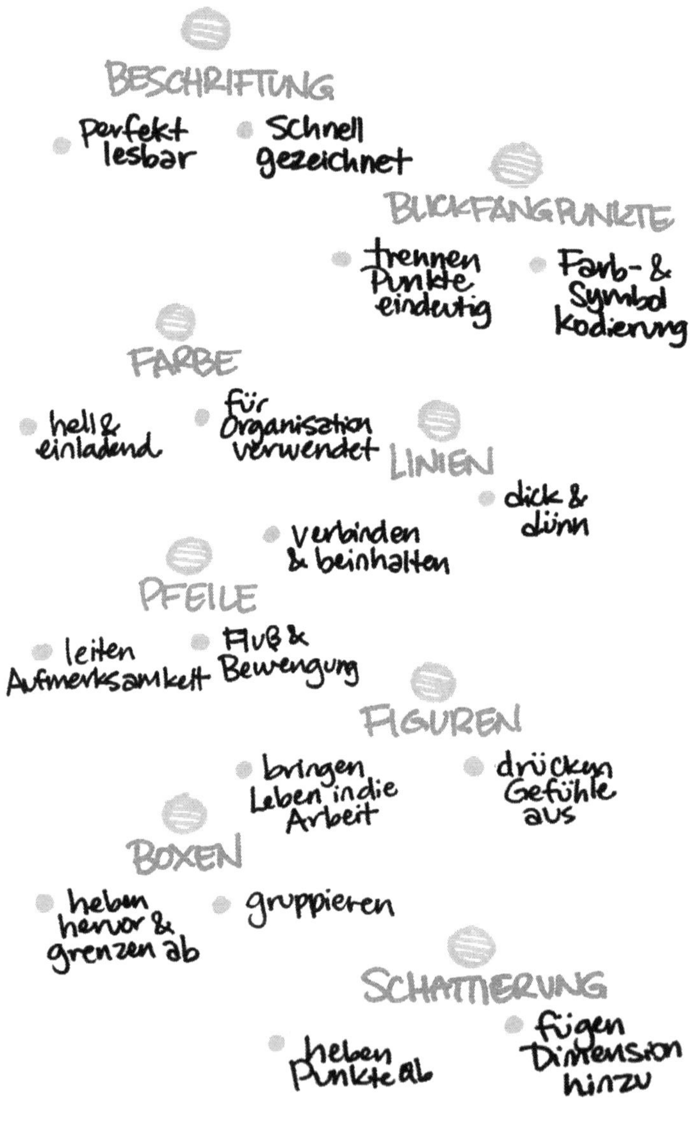

LINIEN

Verbinden und beinhalten Ideen
Abgrenzung durch dicke und dünne Linien

Unterschiedliche Werkzeuge sorgen für unterschiedliche Linien. Die meisten Marker können nach den folgenden Typen der Spitzen unterschieden werden:

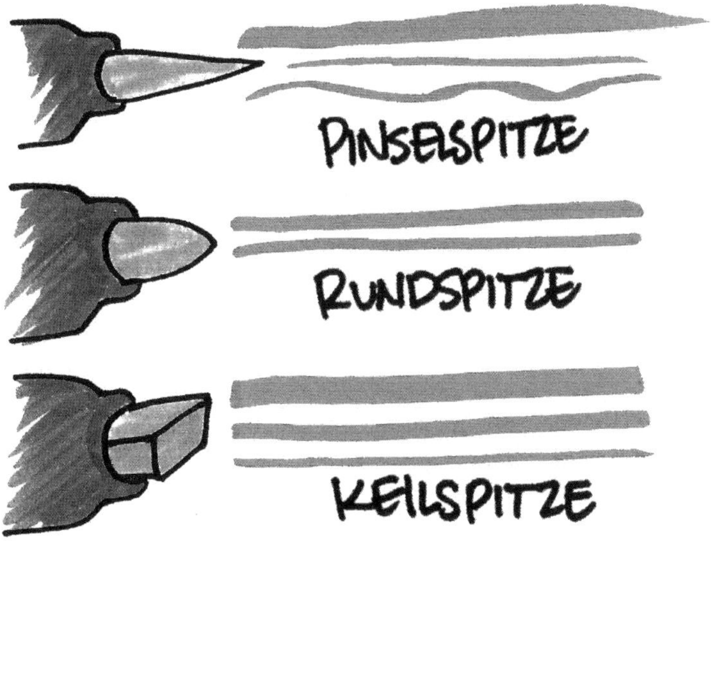

Pinselspitzen laufen spitz zu und sind biegsam um einen Haarpinsel zu simulieren. Die Linien eines Pinselspitzenmarkers variieren sehr stark – abhängig vom Druck, den Sie auf den Marker ausüben. Mehr Druck erzeugt dickere Linien – weniger Druck dünnere. Durch die Flexibilität der Spitze haben Ihre Linien mehr Attitude und Varianz – allerdings auch weniger Kontrolle.

Rundspitzen erzeugen die gleichmäßigsten Linien. Die Spitze ist gerundet und so sind die Linien stets gleichbleibend, ganz egal, in welchem Winkel Sie Ihren Marker halten. Durch Druck können Sie die Linie ganz minimal verändern. Durch mehr Druck wird die Linie etwas breiter, als wenn Sie mit der Rundspitze leicht und schnell über das Papier gleiten.

Keilspitzen bieten eine Kombination aus Optionen und Kontrolle. Durch die besondere Form der Keilspitze können Sie diese in drei verschiedenen Winkeln halten und so drei unterschiedliche Strichbreiten erzielen:

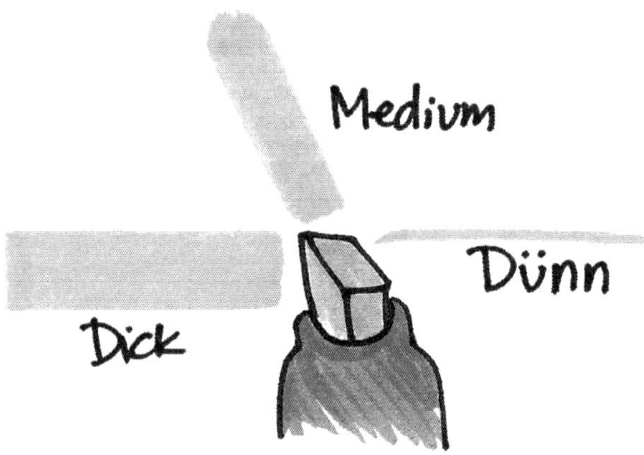

Testen Sie unterschiedliche Marker, um herauszufinden, wieviel Kontrolle oder Flexibilität Ihrem Arbeits- und Zeichenstil am ehesten enstprechen.

Verwenden Sie Linien zum Verbinden, Einschließen, Hervorheben und Trennen:

Verbindet Ideen miteinander. Unterschiedliche Strichstärken können die Stärke der Verbindung signalisieren.

Idee wird in einer Blase, Wolke oder einer Box eingeschlossen und hebt sich so von anderen Ideen ab. Verwenden Sie für diese Linien helle Farben, um nicht zu sehr vom Text abzulenken.

Dünne, schnelle Linien können Ideen in einer Liste oder einer Gruppe voneinander trennen.

Funkenartige Linien um eine Idee oder eine einfache Linie unter einem Punkt können diese hervorheben.

In der Praxis

Organisieren Sie Informationen durch die Verwendung von unterschiedlichen Linien. Verwenden Sie gepunktete, gestrichelte, dünne oder dicke Linien um unterschiedliche Arten der Verbindung – von schwach bis stark – zu visualisieren.

Zeichnen sie selbstsichere Linien. Ein zögerlicher Zeichner erstellt eine simple Form durch viele kleine, zaghaften Linien. Damit wird auch das Ergebnis zögerlich. Zeichnen Sie Formen mit einem einzigen, kräftigen Strich. Auch wenn das Ergebnis vielleicht anfangs etwas schief aussieht, so zeigt es doch mehr Präsenz auf dem papier als das zögerlich gezeichnete.

Hier verwende ich einen Marker mit dicker Spitze, um eine punktierte Linie zwischen Gruppierungen von Icons zu platzieren. Die Icons habe ich mit einer dünneren Keilspitze gezeichnet.

Chart mit Text, Blickfangpunkten, Farbe und Linien:

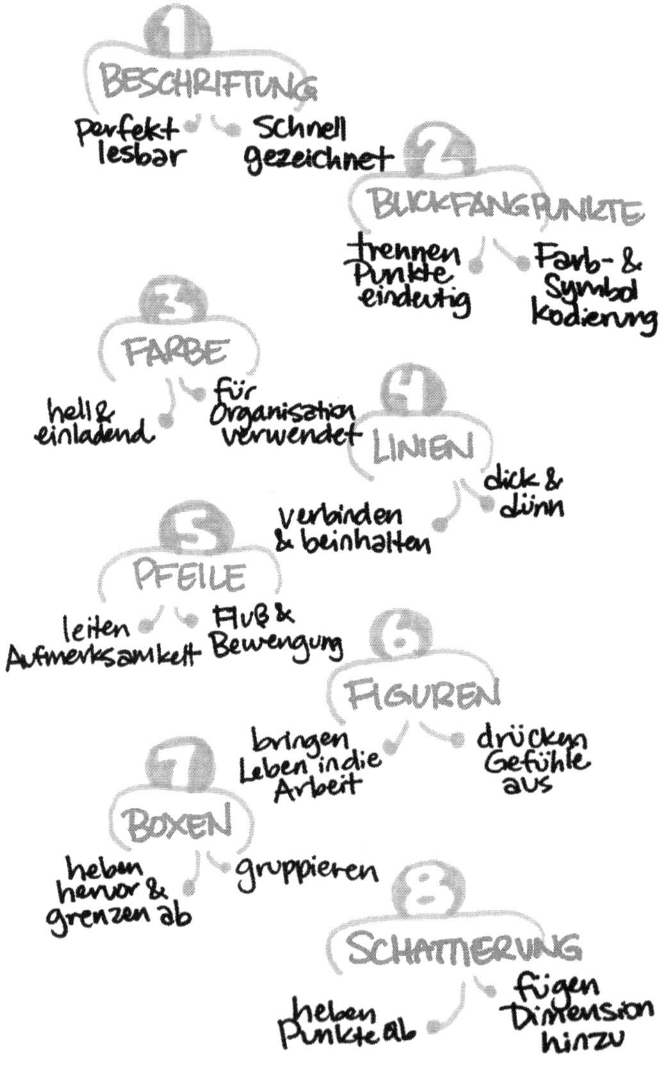

PFEILE

Lenken Aufmerksamkeit.
Erzeugen Fluss und Bewegung

Pfeile sind der beste Freund des Graphic Facilitators. Sehen Sie?

Ein Pfeil ist eine Linie, die an einem oder beiden Enden eine Spitze hat. Diese Pfeilköpfe erzeugen Fluss und Bewegung.

Pfeile umgeben uns überall. Wenn Sie das nächste Mal unterwegs sind, dann gehen Sie doch mal auf „Pfeil-Jagd“ um festzustellen, wie verbreitet sie sind. Sie werden so oft verwendet, weil Sie so nützlich sind. Pfeile zeigen uns, wo wir hingehen müssen. Verwenden Sie Pfeile in Ihren Charts, um der Gruppe zu zeigen, wohin sich ihre Dialoge entwickelt haben. Zeigen Sie den Fluss der Ideen durch den Einsatz von Pfeilen.

Pfeile stehen aber auch für Aktion. Sie sind großartig, um Prozesse zu illustrieren. Werfen Sie mal einen Blick auf die Pfeile auf der nächsten Seite. Notieren Sie sich mal eben schnell, was diese Pfeile Ihrer Meinung nach ausdrücken sollen. Blättern Sie dann weiter, um die Antworten zu erhalten.

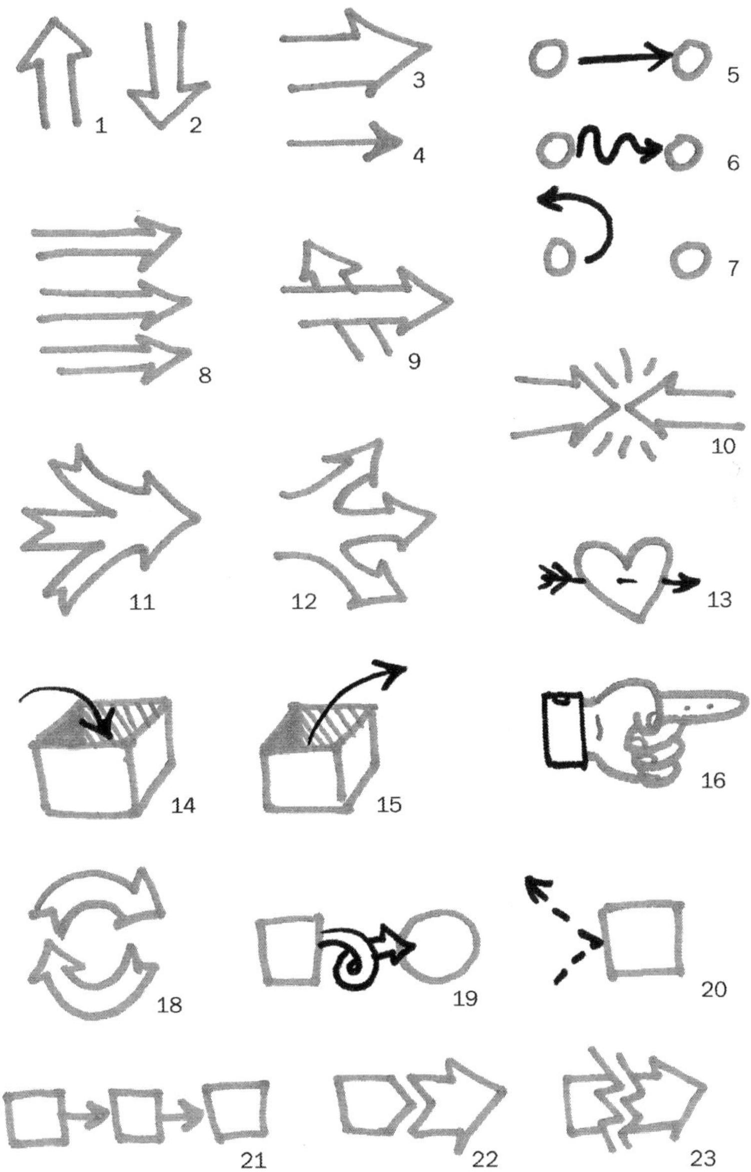
1
2
3
4
5
6
7
8
9
10
11
12
13
14
15
16
18
19
20
21
22
23

1. Zunehmen, steigen, mehr
2. Abnehmen, verringern, weniger
3. Starke Verbindung, große Bewegung
4. Schwache Verbindung, kleine Bewegung
5. Direkte Verbindung
6. Indirekte Strecke oder Verbindung
7. Ab vom Kurs, Wechsel der Route, keine Verbindung
8. Ausrichtung, parallel arbeiten
9. Kreuzende Absichten, Überlappung, Kreuzung,
10. Konflikt, Aufprall, Spannung, Konfrontation
11. Konvergenz, Konsens, Entscheidung
12. Divergenz, Generierung, Auswahl
13. Liebe
14. Hinein, beinhalten, hineintun
15. Heraus, herauskommen, hinausgehen
16. Zeigen, Richtung
17. Kreislauf, Feedback
18. Umwandlung, Veränderung
19. Abwenden, verteidigen
20. Prozess, Fluss
21. Pause, Unterbrechung
22. Störung, Unterbrechung

Chart mit Text, Blickfangpunkten, Farbe, Linien und Pfeilen:

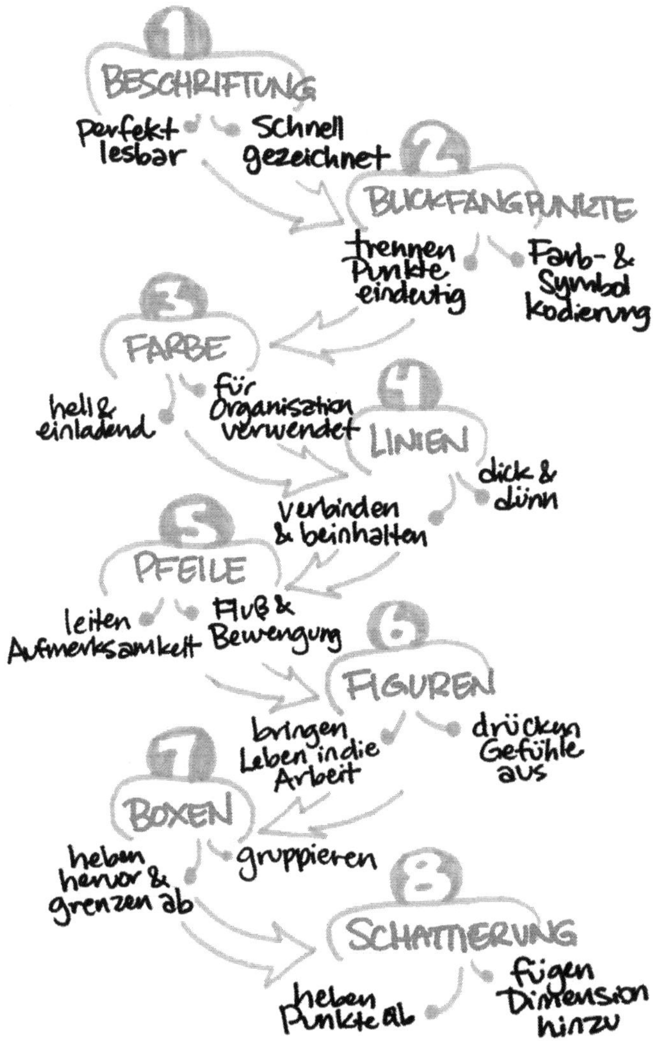

Nehmen Sie alle Kraft zusammen.

Wir befinden uns nun auf Seite 227 und beginnen mit dem Zeichnen.

Ganz offenkundig haben Sie nun schon Buchstaben, Formen und Linien gezeichnet. Doch die sechste Komponente ist die, die für den durchschnittlichen Beobachter am ehesten nach einer Zeichnung aussieht.

Denken Sie daran **„Content is King"** und Geschwindigkeit ist essentiell.

Atmen Sie tief ein.

FIGUREN

Bringen Leben in die Arbeit
Drücken Gefühle aus

Gesichter? Sternenmänchen?

Ja, Gesicher. Und ja, Sternenmännchen. Wenn ich sage essentiell, dann meine ich essentiell. Wir sprechen hier über die nützlichsten und elementarsten Symbole. Später, wenn es darum geht, **ihr eigenes visuelles Vokabular** zu entwickeln wird es auch über diese beiden Klassiker hinausgehen. Aber Sie kommen wirklich sehr weit, mit sehr einfachen Gesichtern und Figuren. Sie helfen Ihnen dabei, Ihre Charts um Charakter und Emotionen zu bereichern.

Meetings bestehen aus Menschen, die sich über das unterhalten, was sie gerade tun und was sie gerne zukünftig tun wollen. Bevölkern Sie Ihre Charts mit einigen Menschen.

Nehmen Sie sich einen Stapel Kopierpapier und einige Marker. Füllen Sie die Seiten mit einfachen Kreisen und beginnen Sie damit, diese spielerisch mit Gesichtern zu füllen. Entwickeln Sie Ihre eigene Besetzung an verschiedenen Charakteren:

Beginnen Sie einfach

Arbeiten Sie an Variationen

Drücken Sie Gefühle aus

Drehen Sie die Köpfe

Fügen Sie Linien für Betonungen hinzu

Fügen Sie Wörter hinzu

Verwenden Sie Symbole

Gegensätze und Kontraste

Spielen Sie mit der Bandbreite des Alters

Bauen Sie Charaktere mit Details.

Und so weiter und so fort...

HA!

Sobald Sie sich eine ganze Armee an Gesichtern geschaffen haben, können Sie damit beginnen, ihnen einfache Körper zu geben.

Ich weiß, dass man mit Strichmännchen eine Menge Unfug machen kann. Aber es ist absolut in Ordnung für mich, wenn Sie Strichmännchen zeichnen. Leicht zu zeichnende Cousins der Strichmänchen sind das Sternenmännchen (Star people), die Bohnen-Männchen, die Feder-Männchen und die Männchen mit dem kastenförmigen Körper.

Der Schlüssel zum Zeichnen von Figuren ist es, die auszuwählen, die sie am liebsten zeichnen. Passen Sie diesen Figur dann an alle möglichen Situationen an – und bleiben Sie dabei. Wie wir schon bei **„Treffen Sie eine Wahl“** gesagt haben: „Bleiben Sie konsistent“. Wenn Sie erst ein Sternen-Männchen zeichnen und dann eine Bohnen-Männchen, dann fragen sich die Teilnehmer, von wo das Bohnen-Männchen wohl eingewandert sein mag.

Weniger Details sorgen für mehr Allgemeingültigkeit, wenn es um Gesichter und Körper geht:

Das ist eine Person.

Das ist eine rothaarige Frau.

Das ist Kathy aus der Personalabteilung.

Einige meiner Kollegen sprechen sich für gesichtslose Figuren aus und konzentrieren sich auf Gesten anstatt auf Gesichtsausdrücke. Ich persönlich finde diese Zeichnungen unpersönlich. Ich möchte nicht auf die Ausdrucksmöglichkeit des Gesichts verzichten. Es ist für mich die menschliche Komponente, die ich gerne haben möchte.

Es ist meine Grundhaltung, an sehr einfachen Icon-artigen Figuren festzuhalten. Außer, wenn die Gruppe über eine ganz spezielle Bevölkerungsgruppe spricht. Ich habe einmal für eine Konferenz weiblicher Führungskräfte gearbeitet – 200 Frauen innerhalb einer gigantischen Firma. Da dachte ich, es wäre der richtige Zeitpunkt, mit meinen Charaktern etwas spezifischer zu werden. Auf meinem ersten Chart zeichnete ich drei Frauen in die Mitte – als Begrüßungs-Botschaft:

Eine Frau meldete sich zu Wort, zeigte auf die Frau mit den kurzen Haaren und fragte, warum ich einen Mann gezeichnet hätte. Scheibenkleister – da gab es einige Frauen unter den 200 Anwesenden, die kurze Haare hatten – aber so funktioniert unser Gehirn. Wir suchen nach Mustern und wir ziehen Schlüsse. Lange Haare = Frau.

Chart mit Text, Blickfangpunkten, Farben, Linien, Pfeilen und Figuren:

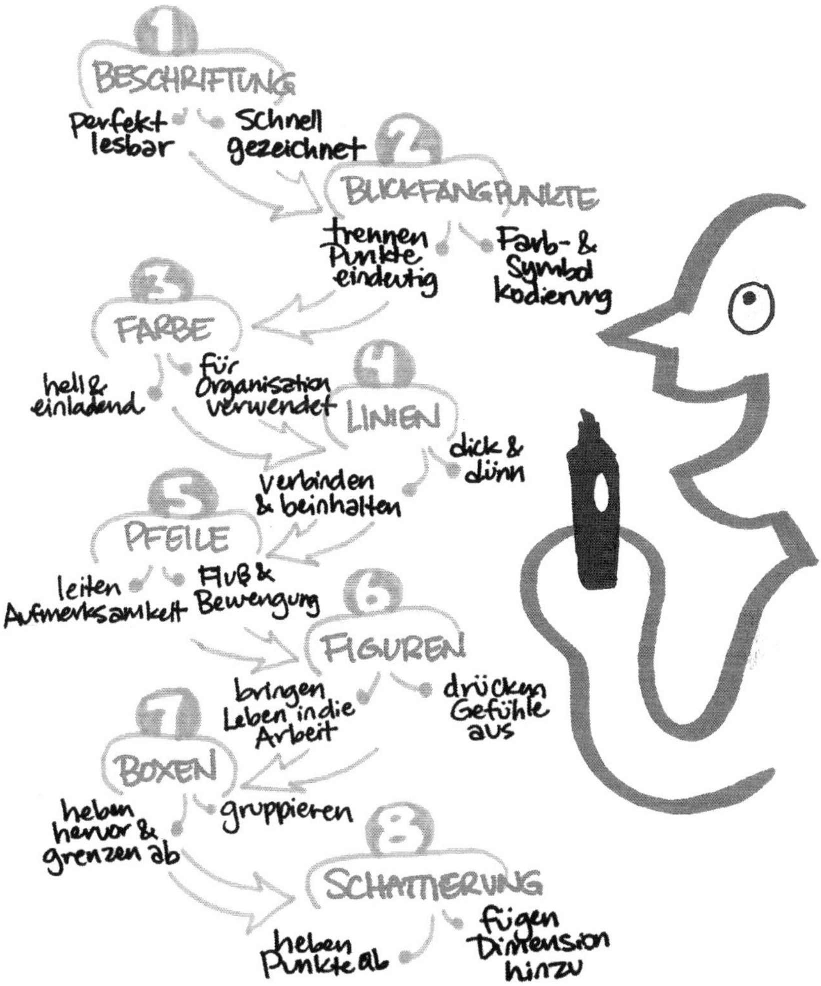

BOXEN

Heben hervor und unterscheiden. Guppieren Ideen.

Boxen sind Linien, die um Dinge herumgezeichnet wurden. Manchmal haben diese Boxen auch andere Formen als die einer klassischen Box. Eine Idee in einer Box unterscheidet diese von anderen Ideen. Eine Box gruppiert auch eine ganze Reihe von Ideen. Eine Box bzw. Form um eine Idee unterstreicht den Eindruck, dass dieser Punkt eindeutig und abgeschlossen ist.

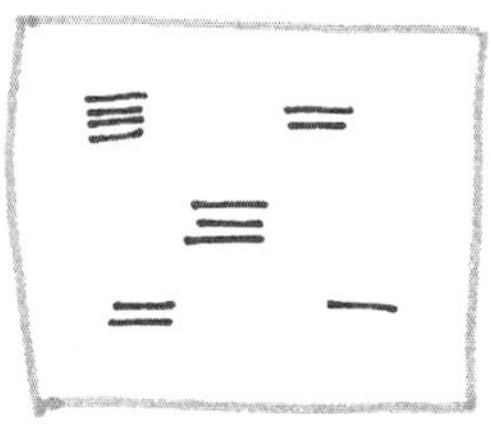

Sie können ein Chart mit fünf Blöcken zeichnen.

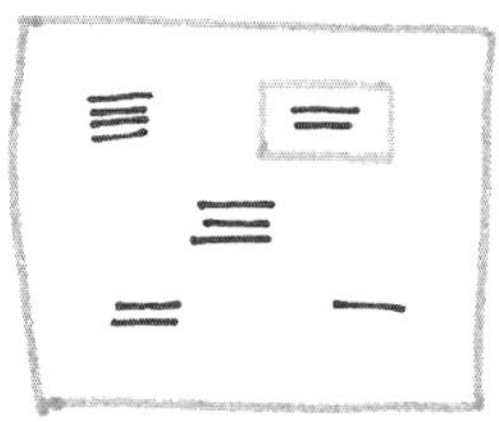

Möglicherweise ist es sinnvoll, einen dieser Bruchstücke mit einer Box hervorzuheben.

Oder alle Blöcke sind gleichermaßen wichtig und Sie verwenden 5 Boxen.

Die Form der Box kann die Idee konkretisieren, solide wirken lassen, geformt oder eher amorph, änderbar oder abstrakt:

Unsicher,
abwesend

Idee, nicht festgelegt,
Zukunft, Was wäre
wenn...

Organisch,
flexibel

Definiert, solide,
festgelegt

Dynamisch,
aktuell,
gefährlich

In der Praxis

Zuerst der Inhalt, dann die Box. Es ist viel, viel einfacher, eine Box um etwas bestehendes herum zu zeichnen als Text passend in eine Box zu schreiben.

Verwenden Sie eine helle Farbe. Eine helle Farbe tritt etwas zurück und konkurriert nicht mit dem Text, den die Box enthält.

Werden Sie nicht zum Boxaholiker. Boxen sind da, um etwas zu unterscheiden. Wenn Sie Boxen für jede Idee verwenden, verlieren sie Ihre Bedeutung und Ihre Visualisierungen werden überladen.

Die Bildelemente dieses Charts bestehen überwiegend aus einfachen Figuren, Boxen und einem großen Banner für den Titel. In diesem Chart erkennen Sie, dass es eher um das Nachdenken und räumliche Anordnen der Informationen geht und weniger darum, eine Menge Bilder zu zeichnen.

Chart mit Text, Blickfangpunkten, Farbe, Linien, Pfeilen, Figuren und Boxen:

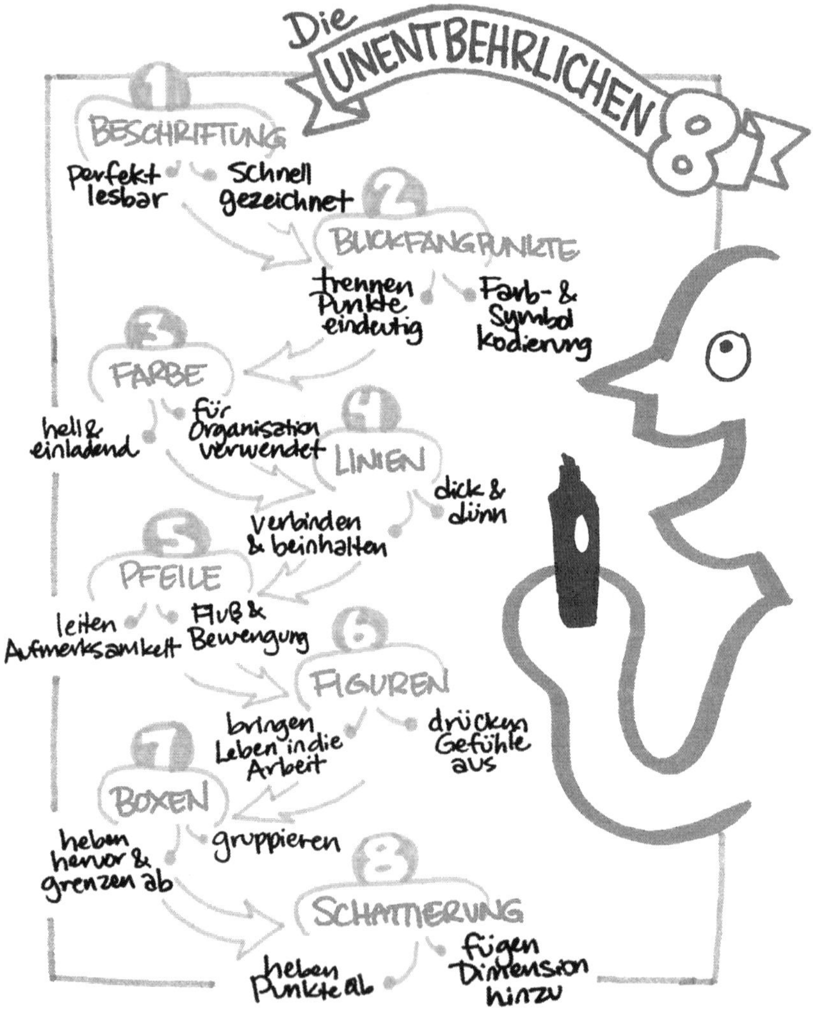

SCHATTIERUNG

Heben Punkte von der Seite ab. Fügen eine Dimension hinzu

Schattierungen passen gut zu Linien. Wir füllen unsere Charts mit Unmengen an Linien in Form von Buchstaben, Formen, Gesichtern, Icons und den Linien selbst:

Schattierungen entstehen durch Schraffuren, Pastellfarben, Punktierungen oder einfach durch farbiges Ausfüllen. So entstehen unterschiedlich getönte Bereiche – Farbfelder. Diese Bereiche ziehen die Aufmerksamkeit in einem großen Chart voller Linien auf sich.

Arten der Schattierung

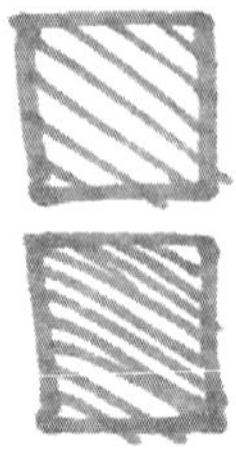

Beim **Schraffieren** werden parallele Linien gezeichnet, um eine Tönung zu erzielen. Je weiter die Linien auseinander sind, umso heller wirkt die Fläche. Je enger zusammen und damit dichter, umso dunkler.

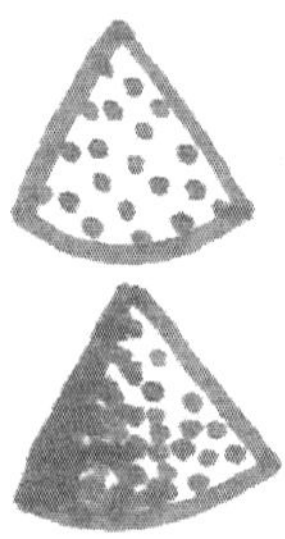

Anstelle von Linien können auch **Punkte** verwendet werden, um Tönungen zu erzeugen. Die Punkte können gleichmäßig gesetzt werden um eine homogene Tönung zu erzeugen. Sie können aber auch variieren und so eine räumliche Wirkung erzeugen. Allerdings ist punktieren ziemlich langsam und daher nicht für Graphic Facilitation zu empfehlen. (Den 10-Minuten-Hasen im Kapitel „Schnell wie ein Hase“ habe ich z.B. punktiert.)

Füllen bedeutet eine Form komplett mit Farbe zu füllen. Sie können entweder die Form selbst füllen oder aber eine Form, die hinter der eigentlichen Form liegt. So sticht die weiße Silhouette heraus.

Konturlinien sind dem Schraffieren ähnlich, nehmen aber die Form der Außenlinien auf.

Schattierung kontra Schatten

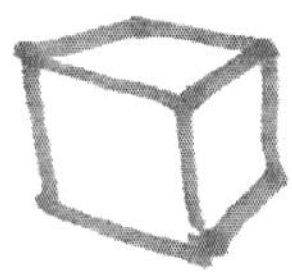

Keine Schattierung oder Schatten.

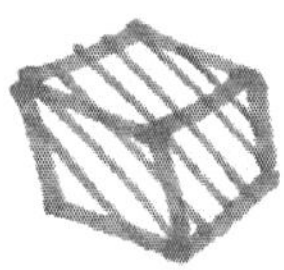

Komplette Schattierung, die hier Farbe in eine Form bringt, diese allerdings nicht dreidimensional erscheinen lässt.

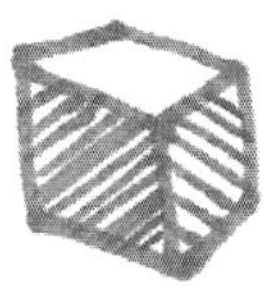

Schattierung, die eine Form dreidimensional erscheinen lässt.

Ein Schlagschatten, der das das Objekt von der Seite abgehoben erscheinen lässt.

Ein Wurfschatten, der den Eindruck des Lichteinfalls auf eine dreidimensionale Form erzeugt.

Nehmen wir mal an Sie erstellen ein Chart wie dieses:

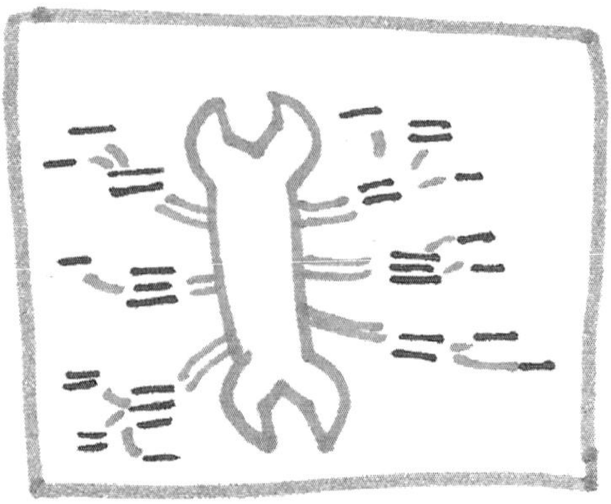

Daran ist nichts wirklich falsch. Es verwendet ein zentrales Bildelement als Anker für den Dialog. Unterschiedliche Skalierungen helfen bei der optischen Organisation der Informationen und Linien sorgen für die Verbindungen.

Sie könnten den zentralen Schraubenschlüssel aber auch schraffieren, um ihm noch mehr Gewicht auf der Seite zu geben:

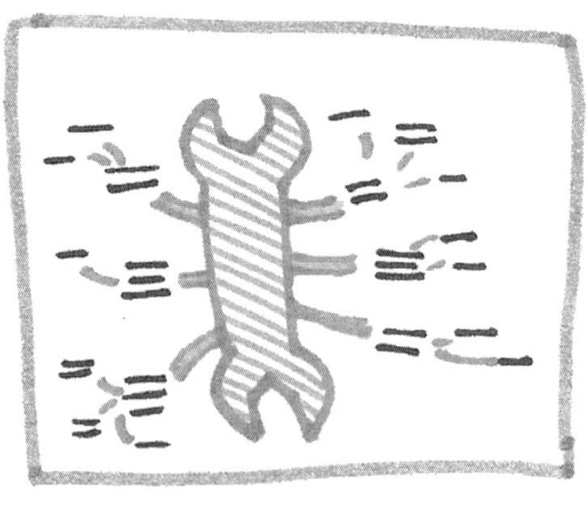

Oder Sie legen einen Schatten hinter den Schraubenschlüssel um diesen optisch vom Papier abzuheben:

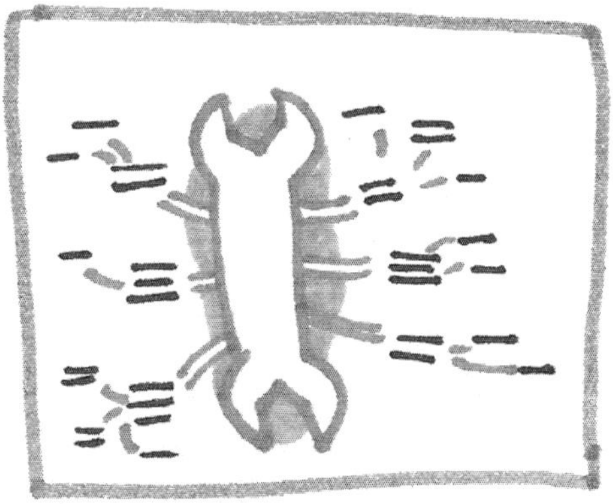

Es gibt keinen Königsweg für die Schattierung. Aber es gibt eine Daumenregel, die Sie bereits einmal gehört haben: **„Bleiben Sie konsistent“.**

Wenn Sie schraffieren, empfehle ich Ihnen, die Linien nur in eine Richtung laufen zu lassen. Die Einheitlichkeit der Schraffurlinien ist beruhigend. Wenn Sie da variieren, wird es unruhiger. Sie sollten Uniformität und Abwechslung anwenden um den Inhalt zu unterstützen und dabei nicht inkonsistent werden – das würde nur ablenken.

Wenn Sie irgendeinen Schatten zeichnen, sollten Sie sich vorstellen, von wo das Licht kommt und Ihre Schatten in Bezug auf diese Lichtquelle immer gleich einzeichnen. Wenn Ihr Licht aus der oberen rechten Ecke kommt, dann würde der Schriftschatten nach unten und nach links fallen. In diesem Beispiel ist der Schatten beim Buchstaben A nicht konsistent gezeichnet.

Pastellfarben

Viele Graphic Facilitator haben Pastellfarben unter ihren Werkzeugen. Solche Farben sind effektiv, wenn es darum geht, große Bereiche des Papiers mit einer Tönung zu versehen. Oder aber, um raffiniertere Formen rund um Texte zu zeichnen.

Pastellkreiden machen mehr Schmutz als Marker. Stellen Sie sicher, dass Sie Ihren Arbeitsplatz beim Kunden nicht voller Pastellstaub zurücklassen. Eventuell könnte der Pastellstaub auch die Gesundheit Ihrer Teilnehmer beeinträchtigen. Achten Sie darauf, dass sich die Pastellfarben beim Fotografieren von den Markerlinien unterscheiden.

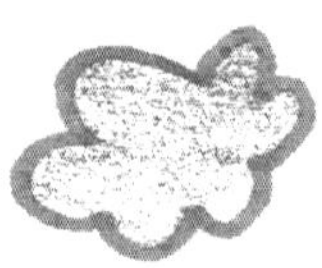

Verwendung von Pastellfarben, um eine markergezeichnete Form zu schattieren.

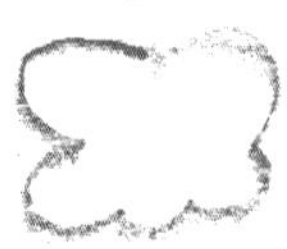

Umriss, der mit Pastellkreide gezeichnet wurde.

Hier zeichne ich gerade eine Schraffur ein, um die Personengruppe optisch vom Hintergrund abzuheben.

Chart mit Text, Blickfangpunkten, Farbe, Linien, Figuren, Boxen und Schatten:

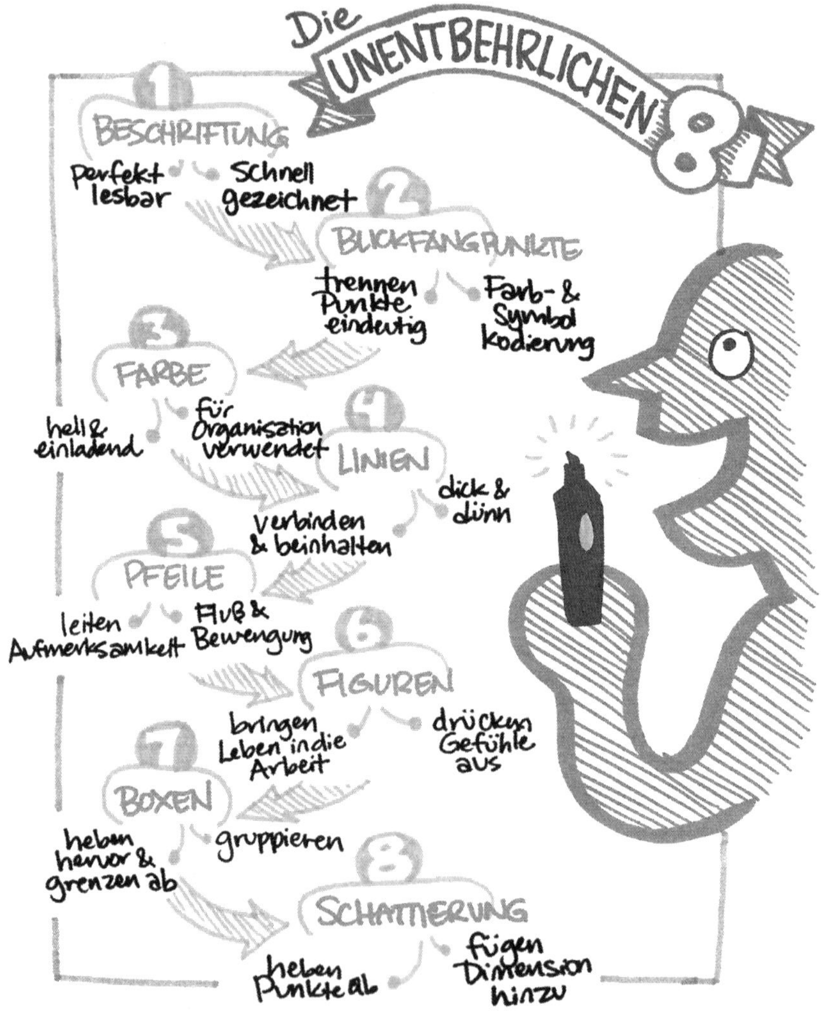

Die unauffällige Nummer Neun: WEISSRAUM

Bei jedem Zeichen, das Sie auf Ihrem Chart platzieren ist es der Weißraum, der es ausbalanciert. Weißraum ist der atmende Raum des Papiers und macht das dort abgebildete klarer.

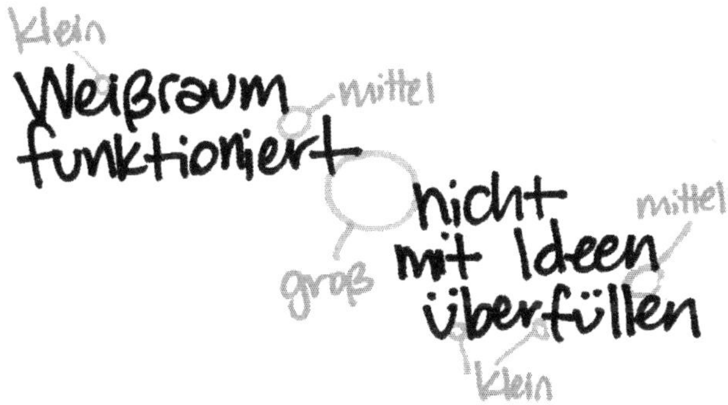

Stelllen Sie sich diese Nummer Neun wie ein kleines Polster vor, das Ihre Ideen einhüllt. Zwischen den einzelnen Buchstaben sind es winzige Polster, die für bessere Lesbarkeit sorgen. Innerhalb der Zeilen eines Informations-Bruchstückes werden diese Polster etwas größer. Und die größten Polster puffern einzelne Ideengruppierungen von den anderen ab.

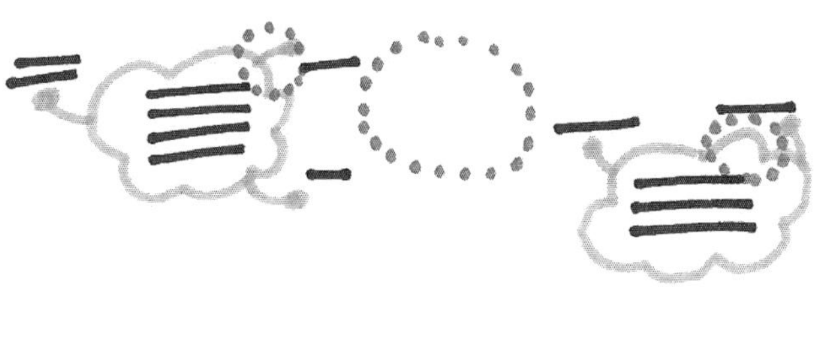

Chart mit hervorgehobenem Weißraum:

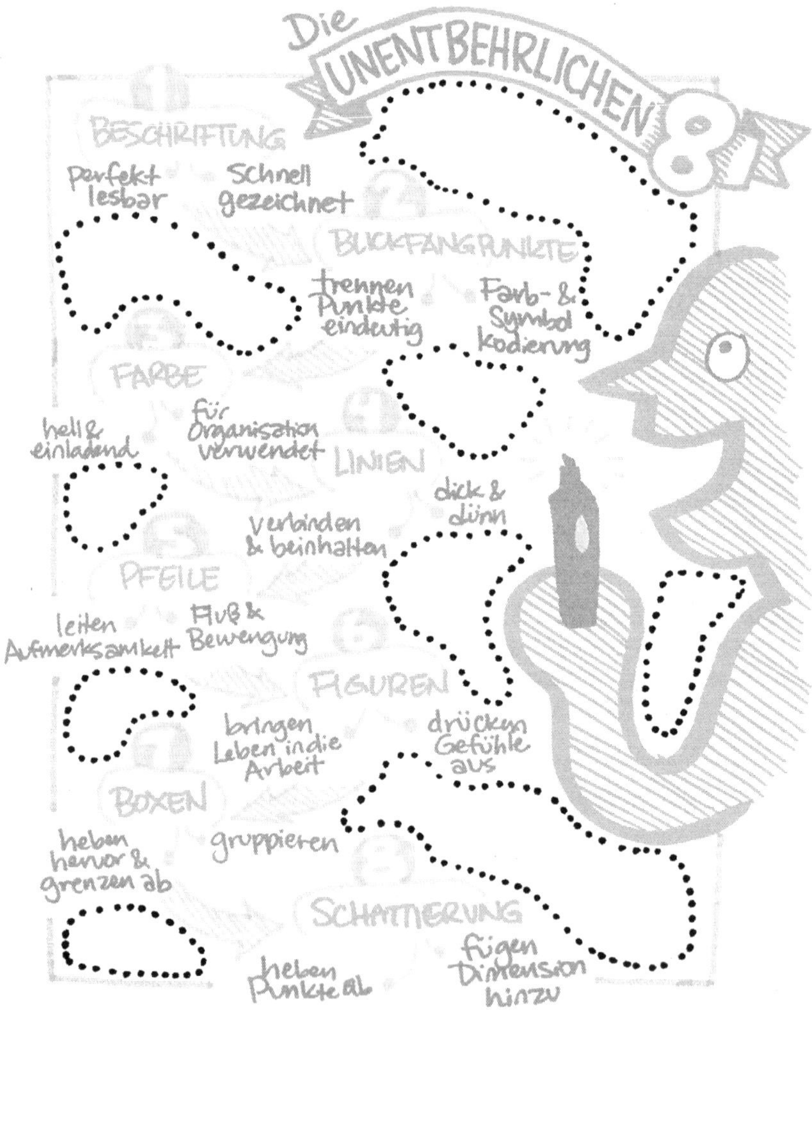

Alles Zusammenfügen

Nun werden wir über meine „geheime Soße" sprechen: Synthese.

Bei der Synthese geht es darum, einzelne Teile aus unterschiedlichen Quellen miteinander zu kombinieren und daraus etwas neues Ganzes zu erzeugen. Dieses Ganze erlaubt es, die ursprünglichen Quellen in einem anderen Licht zu sehen und neue Bedeutung zu generieren.

Als Graphic Facilitator haben wir die Möglichkeit, all die Stimmen im Raum, die Ideen und Kommentare eines Meetings zu nehmen und diese in einer wertvollen visuellen Landkarte zu synthetisieren.

Es ist ein Teil der menschlichen Natur, dass wir Verbindungen herstellen und Bedeutung aus der Kombination unterschiedlicher Quellen erzeugen. Nur sind wir uns dessen oft nicht bewusst – oder stellen diese Verbindungen nicht gezielt her. Nur wenige Menschen haben gelernt, Werkzeuge zur visuellen Wiedergabe dieses Prozesses der Bedeutungs-Kreation so einzusetzen, dass wir darauf aufbauen können. Der Bereich der Synthese ist in starkem Maße (heraus)fordernd, wird aber auch entsprechend belohnt. In ihm verbinden sich Ihre Fähigkeit des Denkens und die des Zeichnens um Bedeutung zu erzeugen.

Im Verlauf dieses Buches habe ich Sie dazu ermuntert zu synthetisieren. In der Lektion übers Denken erzeugen Sie Verbindungen zwischen den Dingen, erkennen Unterschiede und Ähnlichkeiten. Durch das **Denken in Ebenen** sortieren Sie die Informationen nach verschiedene Kategorien. Mit Ankern und Lassos schließlich geben Sie der Gruppierung von Ideen eine Struktur. Sie erkennen die Form in dem, was gesagt wird.

Im Kapitel über das Zeichnen lernen Sie die Verwendung visueller Elemente um die Organisation der Informationen, die Sie in der Denklektion erarbeitet haben, zu untermauern. **Jedes Zeichen hat eine Bedeutung** und Sie lernen, wie Sie **Die Unentbehrlichen Acht** in bedeutungsvoller Weise einsetzen können. Sie sind entschieden im Einsatz von Farben und wählen unterschiedliche Farben für unterschiedliche Zwecke. Sie arbeiten mit Linien in verschiedenen Strichstärken und Formen, um unterschiedliche Verbindungen zwischen einzelnen Punkten herzustellen. Sie entscheiden, wann eine Box eine bestimmte Idee hervorhebt und wann Sie Gesichter einzeichnen, um einen Kommentar mit einer Emotion zu verknüpfen.

Die „Samen zur Synthese“ die im Verlauf dieses Buches gesät wurden, treiben nun Wurzeln im Prinzip **„Alles Zusammenfügen“.**

Die Synthese geht über die visuellen Grundelemente oder Illustration hinaus. Hier ist ein Konzept „Schneemann“, mit einer Illustration des Konzepts:

Die Synthese ist räumlich und zeigt die Struktur dessen, was gesagt wurde. Die Einzelteile zu sehen, ihre Struktur und wie alles zu einem Ganzen zusammengesetzt wurde, hilft allen dabei, über die persönlichen Perspektiven hinaus zu gehen und gemeinsam Bedeutung zu erzeugen. Dies sind die Denk-Fähigkeiten, die es Ihnen erlauben zu synthetisieren:

A **Scannen Sie Ihre Umgebung und sammeln Sie aus unterschiedlichen Quellen.**

B **Achten Sie auf die individuellen Bruchstücke oder Einzelteile. Nähren Sie die Fähigkeit, Einzelteile so genau wie möglich zu einer essentiellen Bedeutung zusammen zu fassen.**

C **Achten Sie auf Muster innerhalb der Einzelteile. Vergleichen Sie und stellen Sie gegenüber, um Gemeinsamkeiten und Unterschiede zu entdecken.**

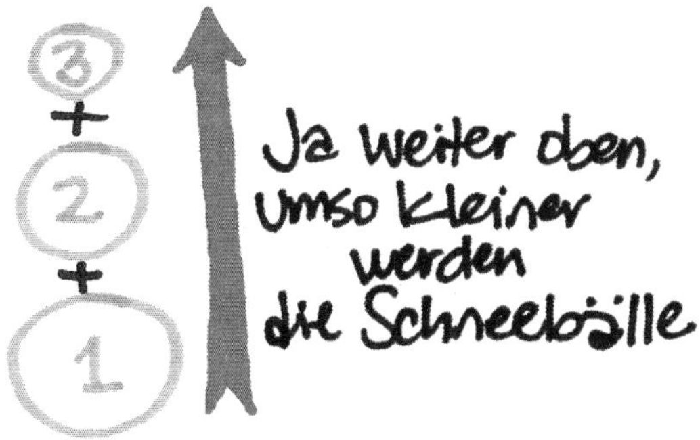

D **Gruppieren Sie die Teile nach dem Typ, indem sie diese beschriften oder klassifizieren.**

E Erkennen Sie Themen innerhalb der Teile.

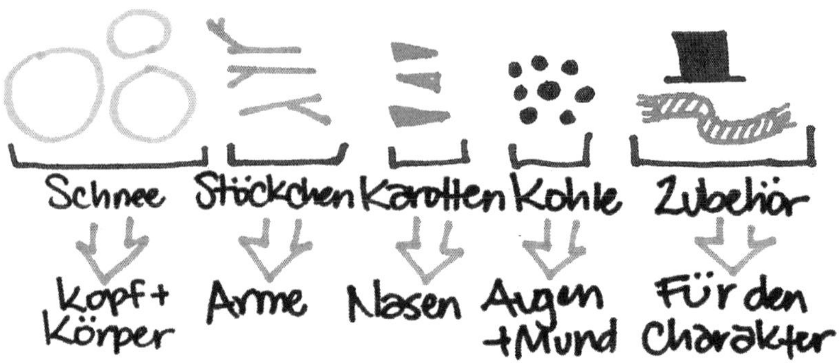

F Stellen Sie Verbindungen zwischen den Teilen her, um zu zeigen, in welch unterschiedlichen Beziehungen sie zueinander stehen.

G Ziehen Sie Schlussfolgerungen aus den Informationen.

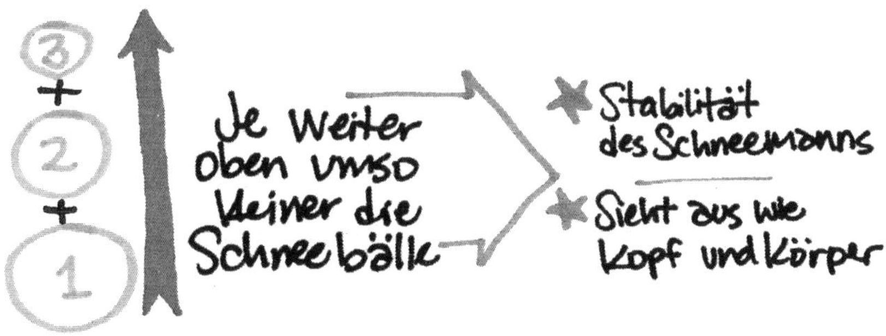

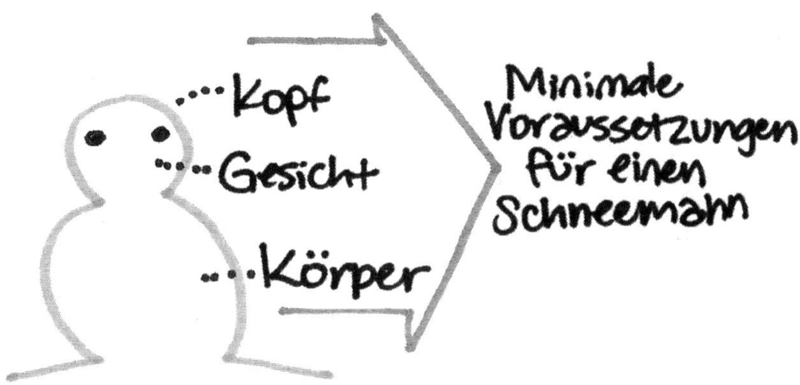

H Erkennen Sie die Form, die alle Teile zusammen ergeben. Zeigen Sie die Struktur auf.

Arrangieren Sie die Einzelteile in einem integralen Ganzen. Entwerfen Sie eine darunter liegende Theorie und ordnen Sie Einzelteile dieser Theorie zu.

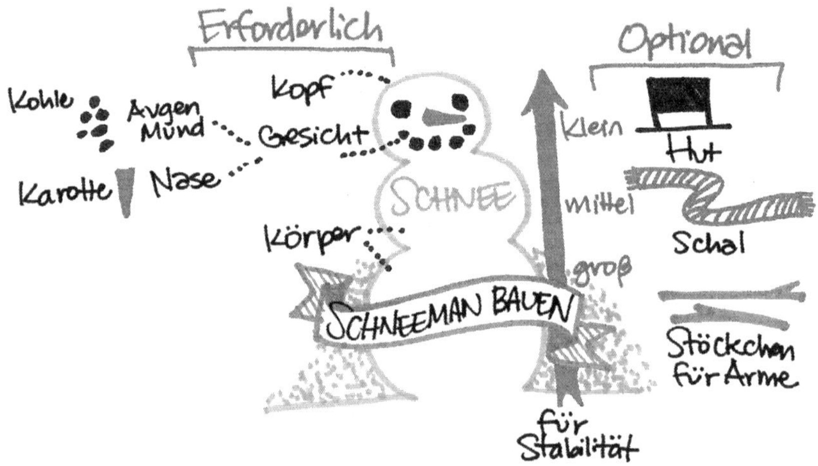

Die Fähigkeit zu synthetisieren bringt Sie viel weiter, als nur den Schneemann zu erkennen. Sie verstehen, wie man den Schneemann baut, kennen die unterschiedlichen Arten von Schneemännern, die man machen kann. Sie können diese Kenntnisse auf andere Schneefiguren übertragen.

Und jetzt: Gehen Sie los und bauen Sie Ihren Schneemann!

Um zu demonstrieren, wie all diese Prinzipien des Synthetisierens zusammenarbeiten, wollen wir mit einer einfachen Fabel als Übungsbeispiel arbeiten. Auf den folgenden Seiten werde ich diese kurze Geschichte auf fünf verschiedene Arten wiedergeben um eine Bandbreite möglicher Synthesen aufzuzeigen.

Stop! Blättern Sie nicht einfach weiter.

Versuchen Sie sich an einem Experiment. Schnappen Sie sich ein Blatt Papier. Lesen Sie die nachfolgende Geschichte und zeichnen Sie auf, was Sie gelesen haben. Es gibt kein richtiges oder falsches Aufzeichnen. Geben Sie sich selbst die Chance, diese Fabel zu synthetisieren. Gerne können Sie die Fabel auch noch einmal lesen. Nehmen Sie sich Zeit. Das ist eine Gelegenheit herauszufinden, wo Sie mit Ihren Synthesefähigkeiten stehen. Sehen Sie es als Einschätzung, nicht als Test.

Eine Aesop-Fabel

Das Bündel Stöcke

Ein alter Mann lag auf dem Sterbebett. Er befahl seine drei zerstrittenen Söhne zu sich, um ihnen letzte Anweisungen zu geben. Er sagte zu dem Jüngsten, er solle Ihm ein Bündel mit Stöcken bringen. Dieses Bündel gab er dem mittleren Sohn und sagte ihm „Zerbrich es“. Der Sohn strengte sich an, aber er konnte das Bündel nicht zerbrechen. Er gab das Bündel an den ältesten Sohn weiter. „Packe das Bündel aus,“ sagte er, „und jeder von Euch nimmt einen Stock.“ Nachdem alle das getan hatten sagte er „Zerbrecht den Stock“. Alle taten es mit Leichtigkeit. „Ihr seht, was ich meine“ sagte der Vater.

DAS ENDE

DAS BÜNDEL STÖCKE

- Alter Man, auf Sterbebett
- 3 verstrittene Söhne
- Vater → letzte Anweisung
- Jüngster Sohn soll Bündel Stöcke bringen
- Mittlerer Sohn soll Bündel zerbechen
  - → strengt sich an
  - → aber es gelingt nicht
- Älterster Sohn soll das Bündel auspacken
- Jeder nimmt einen Stock & bricht ihn
  - → ganz einfach
- Vater: "Ihr versteht, was ich Euch sagen will"

Stufe 1: Text in Listenform

Die Fabel wird in Textform wiedergegeben. Was geschieht, wird in Form einer Liste wieder gegeben, in derselben Reihenfolge wie die eigentliche Geschichte.

Der Text wird in einzelne Teile und kürzere Formulierungen zerlegt.

Es gibt nur ein Minimum an visueller Organisation (Blickfangpunkte und einen Titel in Großbuchstaben). Pfeile sorgen für den Fluss vom einem Textstück zum nächsten innerhalb eines Teilstückes der Geschichte.

Für den Titel und die Blickfangpunkte kommt eine hellere Farbe zum Einsatz. So können diese Elemente besser vom Text unterschieden werden.

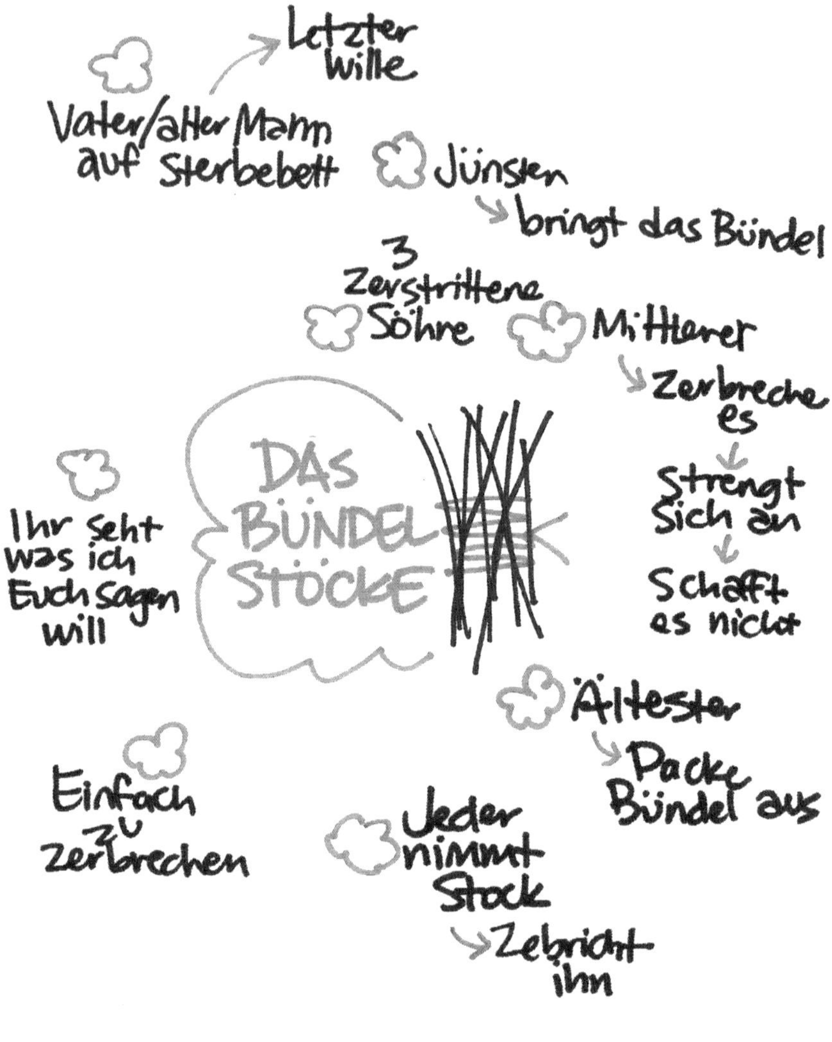
Letzter Wille
Vater/alter Mann auf Sterbebett
Jünsten
bringt das Bündel
3 Zerstrittene Söhne
Mittlerer
Zerbreche es
Strengt sich an
Schafft es nicht
DAS BÜNDEL STÖCKE
Ihr seht was ich Euch sagen will
Ältester
Packe Bündel aus
Einfach zu zerbrechen
Jeder nimmt Stock
Zebricht ihn

Stufe 2: Text in räumlicher Anordnung

Im Gegensatz zur Listenform wurde der Text hier in einem räumlichen Format über das Blatt verteilt. Die Reihenfolge ist immer noch gewährleistet – hier im Uhrzeigersinn, beginnend bei „Vater/alter Mann im Sterbebett“.

Der Text ist noch weiter „destilliert“.

Weitere bildhafte Blickfangpunkte trennen die einzelnen Punkte optisch voneinander. Einfache Pfeile sorgen auch hier für eine Verbindung zwischen einzelnen Textpartien.

Das Bild im zentralen Brennpunkt illustriert den Titel der Geschichte.

Auch hier wurden Titel, Pfeile und Blickfangpunkte wieder mit einer helleren Farbe dargestellt um hinter das Schwarz des Textes zu treten.

Das Bündel Stöcke
Alter Mann in Sterbebett
3 Zerstrittene Söhne
Letzter Wille
JÜNGSTER
"Bring mir ein Bündel Stöcke"
MITTLERER #@!?
"Zerbreche es"
SCHAFFT ES NICHT
ÄLTESTER
"Pack das Bündel aus"
"Zerbreche es"
EINFACH ZERBROCHEN
VATER
"Ihr seht was ich sagen will"

Stufe 3: Illustrierter Text in räumlicher Anordnung

Jedes Teil der Geschichte wird durch eine Textpassage und eine dazugehörenden Illustration wiedergegeben.

Diese Version hat mehr gezeichnete Elemente, obwohl es keine Pfeile für Fluss und Strukturierung gibt.

Die Geschichte verläuft von oben nach unten unterhalb eines Banners mit dem Titel.

Großbuchstaben in einer helleren Farbe wurden verwendet, um Kategorien zu benennen: „JÜNGSTER“, „MITTLERER“ und „ÄLTESTER“. Unterstützende Details wurden in normaler Schreibweise und schwarzer Farbe erfasst.

„SCHAFFT ES NICHT“ und „EINFACH ZERBROCHEN“ eingerahmt von hellen Linien – das kennzeichnet zwei Informationsteile, die sich vom Rest abheben. Beide sind Ergebnisse dessen, was die Söhne tun.

Anordnung und Farbe helfen, die Textpassagen zu organisieren.

GEMEINSCHAFT MACHT STARK
Letzter Wille
Ihr seht was ich sagen will
Alter Mann in Sterbebett
3 Zerstrittene Söhne
3
2
1
ÄLTESTER
MITTLERER
JÜNGSTER
Pack das Bündel aus
Zerbreche es
Bring mir ein Bündel Stöcke
Gemeinsam
jeder Stock einfach zerbrochen
Angestrengt
Bündel nicht zerbrochen

Stufe 4: Strukturierter, räumlich angeordneter Text mit zusammenfassendem Statement

Vier Zitate des Vaters sowie die Bezeichnung „Letzter Wille“ wurden durch Sprechblasen deutlich hervorgehoben.

Die Struktur der Geschichte – jeder Sohn hat in der Geschichte eine Rolle – wird durch die untere Hälfte der Visualisierung wiedergegeben. Jeder Sohn wurde gleichermaßen mit einer Nummer, einer Bezeichnung und einer Illustration seiner Tätigkeit visualisiert.

Wie bei Stufe 2 hat diese Geschichte einen Verlauf mit dem Uhrzeigersinn. Durch punktierte Linien und Nummern wurde dieser Fluss noch deutlicher gemacht.

Der alte Mann ist in seinem Bett dargestellt – das entspricht seinem Kontext innerhalb der Geschichte.

Die Moral der Geschichte, die im Quelltext nicht explizit wiedergegeben wurde, findet sich am Ende des Kreislaufes „Gemeinschaft macht stark“.

GEMEINSCHAFT
MACHT
STARK.

Stufe 5: Zusammenfassendes Statement

Hier gibt es keine Details zur Geschichte. Das einzige, was man erkennen kann ist die Moral der Geschichte.

Sie wird durch ein einzelnes Bild unterstützt, das detailreicher ist als die zuvor gezeigten Zeichnungen. Schraffur und Farbflächen wurden verwendet um im Bild mehr Tiefe zu erzeugen

Die Gewichtung des Wortes „Gemeinschaft“ wird noch verstärkt durch die Platzierung auf der verbindenden Banderole.

Das Spektrum der Synthese

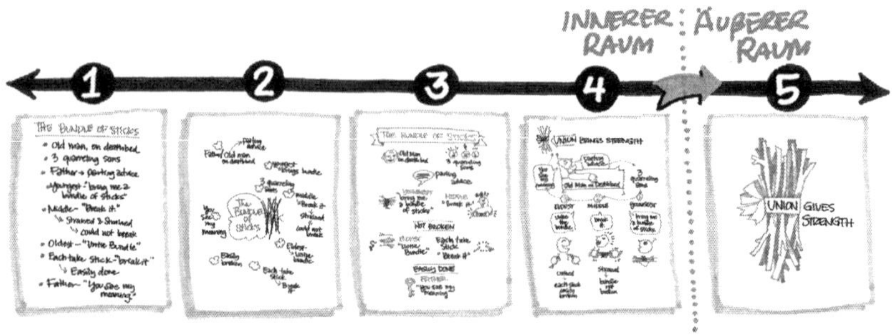

All diese Schritte sind gültige Wiedergaben der Fabel. Je weiter wir fortschreiten, umso ausgeklügelter werden die Beispiele in Ihrer synthetischen Ausprägung. Je weiter wir nach rechts kommen, umso mehr erkennen wir die Struktur der Geschichte und umso mehr Verbindungen werden zwischen den einzelnen Elmenten hergestellt.

Schon in Stufe drei wird der Unterschied zwischen den Aufgaben der Söhne recht einfach dargestellt. In Stufe vier wird dies noch deutlicher und die vierte und fünfte Stufe fassen die Geschichte und ihre Moral in einem Satz zusammen. Für unser Beispiel haben wir eine Parabel gewählt. Stellen Sie sich nun die Bilder und Strukturen dieser Geschichte im Umfeld eines Meetings vor.

Sehen Sie die Linie, die Punkt 4 und 5 voneinander trennt? Links von dieser Linie halten Sie die Details der Geschichte fest. Das wären die Teile der Dialoge innerhalb eines Meetings, die Sie visuell festhalten. Diese Details sind den Anwesenden bekannt und ergeben für sie einen Sinn.

Rechts von dieser Linie lassen Sie alle Details fallen und bringen nur das Fazit. Ein solches „Stufe 5-Bild" kann als Kommunikationselement verwendet werden, z.B. um Leuten, die nicht anwesend waren, das Resultat des Meetings mitzuteilen. Dieses fünfte Bild hat eine andere Funktion als die vier vorhergehenden.

In Zusammenhang mit Graphic Facilitation ist es wichtig, die Details der Dialoge zu bewahren. Diese mitgeschnittenen Details sind die Bausteine des gemeinsamen Verständnisses der Menschen, die im Raum anwesend waren. Die Details auf der visuellen Landkarte helfen den Teilnehmern dabei, sich an Ihre Erfahrungen innerhalb des Meetings zu erinnern, wenn Sie die Karte zu einem späteren Zeitpunkt erneut betrachten.

Die Schlussfolgerung – in diesem Fall die Moral der Geschichte – ist eine wertvolle Ergänzung der visuellen Landkarte. Als Graphic Facilitator können wir allen Teilen lauschen und der Gruppe dabei helfen, ein gemeinsames Bild zu erzeugen. Oder wir geben die Schlussfolgerungen wieder, die die Gruppe für sich selbst trifft.

Fertig für das große Finale?

Wie bei der Fabel, so liegt auch unsere Stärke als Graphic Facilitator in der Einheit. Wir geben beides gemeinsam wieder – die Stöcke und das Band, das sie miteinander verbindet.

Ideen sind stärker, wenn Sie sie zusammengebunden werden. Die Teile der Dialoge, die wir „mappen", sind bedeutungsvoller, wenn wir die richtigen Muster finden, Verbindungen aufzeigen, Strukturen verdeutlichen und das Bild in ein großes Ganzes zu integrieren. Wir sind dann wertvoll, wenn wir die Stücke synthetisieren und etwas Neues und Bedeutungsvolles daraus gestalten.

Atmen Sie tief ein.

Einige von Ihnen werden nun vor sich hinsummen, denn die Elemente der Synthese machen Sinn für sie. Sie haben bereits die ausgeprägte räumliche Intelligenz – bzw. die Fähigkeit Schlussfolgerungen zu ziehen. Sie fühlen sich kompetent und sind glücklich für die offene Tür in diesen Aspekt ihrer Tätigkeit.

Andere wiederum werden schnaufen, weil sich das alles sehr schwierig und einfach unmöglich anhört – irgendwie ganz unnatürlich.

Es ist ein Spektrum. Ja, ich gebe zu, dass ich mehr Wert erkenne, je weiter Sie im Spektrum der Synthese nach rechts kommen. Sie können einer Gruppe mit jeder dieser fünf Stufen hilfreich sein. Sie könnten eine detailverliebte Person sein, die sich in Stufe 1 ganz besonders auszeichnet. Ihre „Recordings" mögen lineare Listen sein, aber Sie würden sämtliche Details erfassen. Sie könnten aber auch in Stufe 5 leben, wo Details für Sie nur Ablenkung bedeuten. Aber Sie lieben Zusammenfassungen, die das Ergebnis der Gruppe einem größeren Publikum präsentiert. Oder, Sie leben irgendwo dazwischen.

Jede Stufe hat ihren Nutzen. Obwohl ich mehr Wert erkennen kann, je weiter synthetisiert wurde, arbeite ich auch in Meetings, bei denen die Gruppe mit Vorliebe Ideen generiert. Stufe 1 – eine Liste dieser Ideen ist hier das Beste, was Sie (und ich) zum Prozess der Gruppe beisteuern können.

Die Herausforderung besteht in der Fähigkeit, auf jeder dieser Ebenen arbeiten zu können und nicht in der einen oder anderen stecken zu bleiben. Diese Beweglichkeit wird es Ihnen ermöglichen, ihre Arbeit am Besten zu erledigen und Ihren Kunden optimal zu dienen.

In der Praxis

Nehmen Sie eine Selbsteinschätzung vor. Werfen Sie nach einem Event einen Blick auf Ihre Charts und überprüfen Sie, in welchem Bereich des Spektrums Sie gearbeitet haben. Sicher werden Sie je nach Fall in verschiedenen Stufen arbeiten. Fragen Sie sich, ob die Stufe die Sie gewählt haben, für die vorliegende Arbeit die richtige war. Wenn dem so ist, dann sollten Sie sich notieren, welche Elemente Ihnen in diesem Fall zum Erfolg verholfen haben. Wenn nicht, sollten Sie das als Anreiz sehen, das nächste Mal besser zu werden. Üben Sie die Elemente, die sie nicht eingesetzt haben.

Geben Sie sich die Zeit, die Sie brauchen. Erinnern Sie sich an den Punkt „**Treten Sie zurück und lauschen Sie**“, bleiben Sie ruhig und geben Sie sich selbst die Chance, so zuhören zu können, dass Sie in der Lage sind zu synthetisieren. Legen Sie eine Zeichenpause ein und verringern Sie die Geschwindigkeit, vor allem, wenn die Gruppe in eine offene Konversation geht (im Gegensatz zur Präsentation einer einzelnen Person oder einer Runde mit listenträchtigen Brainstormings).

Wenn Sie sich nicht in einem Live-Event befinden, sollten Sie sich die Zeit nehmen, gedanklich die Quellen durchzugehen, die vor Ihnen liegen. Sie können z. B. verschiedene „Maps“ mit den vorliegenden Informationen erstellen und dabei die verschiedenen Stufen durchspielen. Beobachten Sie dabei, welche Themen aufkommen und zu welcher Lösung Sie in den jeweiligen Stufen kommen.

Erst festhalten – dann verbinden. In einer flotten Unterhaltung können Sie alle Inhalte in Textform festhalten. Wenn dann etwas Ruhe einkehrt können Sie Verknüpfungen herstellen und Ideen illustrieren. Die räumliche Anordnung von Text (wie in Stufe 2 der Parabel) ist für diesen Zweck hervorragend geeignet. Anders als bei einer Liste können Sie hier ähnliche Ideen zusammenpacken und von Weißraum umgeben lassen. So haben Sie später die Gelegenheit die visuellen Verbindungen herzustellen.

Geben Sie sich genügend Raum. Wenn Sie live arbeiten, sollten Sie sich die Möglichkeit des Synthetisierens offen lassen, indem Sie freie Räume lassen, in die sie später z.B. die Themen eintragen können. Oder hängen Sie ein FlipChart neben dem großen Chart auf, um die Synthese der Arbeit parallel vorzunehmen. Obwohl diese Prozesse nicht synchron zu den Dialogen verlaufen müssen, können sie Ihnen dabei helfen, Bedeutung und Wert zu kreieren. Ich persönlich tue all dies bevorzugt live – lass alles alles während der Dialoge entstehen, so dass die Anwesenden verfolgen können, wie es geschieht.

Bauen Sie Ihre Fähigkeiten mit der Zeit aus. Wenn Sie nicht bereits mit diesen Fähigkeiten ausgestattet sind, wenn Sie als Graphic Facilitator beginnen, dann sollten Sie unbedingt daran arbeiten. Schauen Sie sich die Schritte A-H in der Schneemann-Übung noch einmal an und verinnerlichen Sie jeden einzelnen Schritt.

Üben Sie auch, wenn Sie keinen Kundenauftrag haben. Geschwindigkeit und Intensität von Kunden-Meetings sorgen oft dafür, dass wir dort nur per Auto-Pilot funktionieren. Daher sollten Sie die Chance nutzen, diese wichtigen Fähigkeiten außerhalb Ihrer bezahlten Projekte zu erwerben. Dann ist der Einsatz nicht so hoch und Sie haben mehr Zeit und Raum zu üben. Und Übung wird die Routine Ihres zukünftigen Autopiloten-Modus kontinuierlich verbessern.

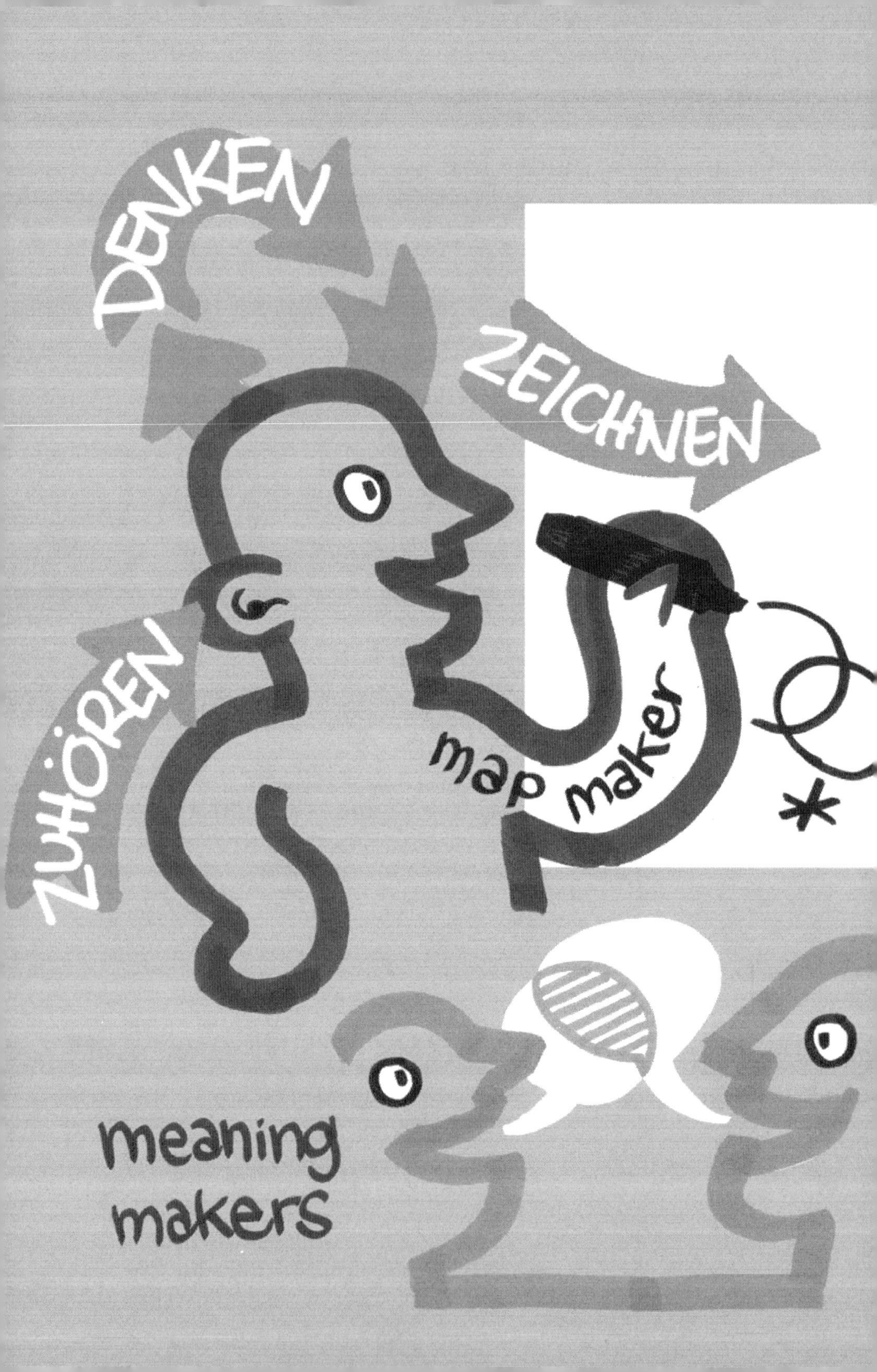

DENKEN
ZEICHNEN
ZUHÖREN
map maker
meaning makers

ÜBEN

Fortschritt durch Übung

Weil Facilitation per definitionem die Arbeit erleichtert, erscheint auch unsere Arbeit leicht. Diese Mühelosigkeit täuscht darüber hinweg, wie viel Übung, Erfahrung und Anpassungsfähigkeit wir für diesen Job mitbringen müssen.

Wir sagen „Übung macht perfekt". Streichen Sie das.

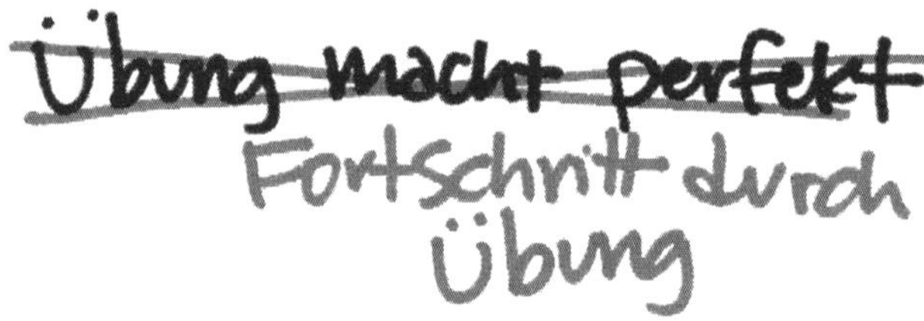

Wir arbeiten alle daran, in unserer Arbeit besser zu werden. Wir haben freie Tage, und Tage, bei denen wir im Einsatz sind. Es ist die Übung, die uns in all diesen Bereichen dabei hilft, besser zu werden.

Sie haben diese Art der Arbeit für sich entdeckt und sind begeistert. Möglicherweise sind Sie aber auch ein wenig eingeschüchtert. Das Beste, was Sie tun können, ist, dort hinauszugehen und es einfach zu tun. Wirklich! Es ist nicht komplizierter und ich kann es nicht noch einfacher machen. Der beste Weg, sich Ihre „Koteletts zu verdienen" ist es tapfer zu sein und für Gruppen zu arbeiten. Hängen Sie diesen riesigen Papierbogen an die Wand und greifen Sie sich Ihre Marker.

Jede Arbeit live vor einer Gruppe ist auch eine Übung – Sie können aber auch explizit Übungen machen und Dinge ausprobieren.

Unter Übungen versteht man, Dinge wieder und wieder zu tun um in genau diesem Bereich besser zu werden. Sie können z.B. Ihre Zeichenfertigkeiten stärken, indem Sie sich einem schnellen, heftigen Schreibtraining unterziehen. Durch die ständigen Wiederholungen wird Muskel-Gedächtnis aufgebaut, das Ihnen sehr hilft, wenn Sie später live arbeiten werden.

Beim Ausprobieren bzw. den Experimenten geht es darum, eine bestimmte Fähigkeit oder ein bestimmtes Element hereuszugreifen und zu verändern. Nehmen Sie sich etwas, was sie regelmäßig tun und suchen Sie nach einer neuen Annäherung. Stellen Sie sich die „Was wäre wenn"-Frage. Finden Sie heraus, was Sie dadurch lernen können. Ein Experiment könnte z.B. sein, eine visuelle Landkarte nur in Schwarz zu zeichnen – oder nur mit zwei Farben. Was passiert, wenn Sie mit einem sehr großen Marker auf kleinem Papier arbeiten? Was passiert, wenn Sie einer Unterhaltung lauschen und währenddessen nicht ein Wort zu Papier bringen? Was, wenn Sie mit verbundenen Augen arbeiten würden?

Sie werden eine Menge lernen, wenn Sie Ihre erlernten und richtigen Methoden einfach einmal variieren. Allerdings empfehle ich, dies nicht zu tun, während Sie für einen Kunden arbeiten. Die meisten Kunden verlassen sich auf die Konsistenz in Ihrer Arbeit. Sie sollten daher diese Übungen in Ihrer eigenen Zeit und auf eigene Rechnung machen.

In der Praxis

Üben Sie. Ich weiß, das ist naheliegend. Tun Sie es. Wie bereits im Kapitel **„Umgang mit diesem Wegweiser"** erwähnt, sollten Sie sich Zeit und Ort zum Üben nehmen.

Suchen Sie nach unterschiedlichen Quellen. Mit Radio, Podcasts und Online-Videos gehen Ihnen wirklich nie die Quellen aus. Beobachten Sie dabei, ob unterschiedliche Quellen auch zu unterschiedlichen Maps führen. So hat z.B. ein herkömmlicher Podcast ein anderes Tempo als eine Radioübertragung.

Arbeiten Sie live. Nehmen Sie ins nächste Meeting ein Skizzenbuch mit. Gerne auch bei Ihrem Museumsbesuch oder während Sie einer Rede lauschen. Halten Sie fest, was Sie hören oder erstellen Sie eine visuelle Landkarte Ihrer Erfahrung. Fragen Sie einen Freund oder Bekannten, der auch anwesend war, nach Feedback. Seien Sie mutig und arbeiten Sie live und im Großformat. Das ist in der Tat die beste Übung, die Sie bekommen können.

Finden Sie einen Mentor. Ein schwieriger Punkt ist allerdings, dass es in unserem Bereich leider viel mehr Schützlinge als Mentoren gibt. Viele der erfahrenen Anwender verbringen Ihre Zeit in Ihrem eigenen Business statt andere anzuleiten. Wegen dieses Verhaltens innerhalb der Szene und auch wegen meiner eigenen Struktur als eher introvertierter, unabhängiger, selbst lernender Mensch will dieses Buch Sie ermutigen, die Dinge selbst in die Hand zu nehmen. Wenn Sie aber am besten von anderen lernen, dann sollten Sie einen Mentor finden und an so vielen Kursen teilnehmen, wie Sie können. Suchen Sie Gleichgesinnte, um mit ihnen gemeinsam zu lernen. Sie sollten die Zeit, den Wert der Informationen und das geistige Eigentum Ihrer Mentoren und Lehrer achten und zu schätzen wissen. Suchen Sie sich so viele Quellen wie möglich und entwickeln Sie Ihre eigene Art des Arbeitens.

Lassen Sie Ihren eigenen Ansatz entstehen. Wir werden darauf beim nächsten Prinzip **„Bauen Sie Ihr visuelles Vokabular auf“** zurückkommen. Viele Menschen kopieren andere, wenn Sie beginnen. Lassen Sie Ihre Arbeit lieber aus eigenen Stärken und Erfahrungen wachsen. Sie haben dann vielleicht etwas weniger Sicherheit im Sinne eines emotionalen Sprungtuchs, aber das, was Sie gestalten, wird authentischer und ehrlicher sein. Sie werden so die Fähigkeit erlernen, Ihre eigenen Experimente zu machen und durch Beobachtung in einem Maß zu lernen, das unmöglich zu erreichen wäre, wenn Sie nur die Arbeit eines anderen nachäffen würden.

Bauen Sie Ihr visuelles Vokabular auf

Jeder von uns hat seine eigene Art zu sprechen. Einige sind eher leise und zurückhaltend, während andere jeden Raum füllen. Wir alle haben unser eigenes Vokabular, beliebte Redewendungen, einen Akzent, der verrät, woher wir stammen. Wir haben alle unsere eigene Stimme.

Bringen Sie diese individuelle Stimme in Ihre Arbeit als Graphic Facilitator ein. Genau wie wir alle unsere eigene Art haben, sprachlich zu kommunizieren, so haben wir auch unseren eigenen Weg des visuellen Kommunizierens.

Leider haben viele Menschen Ihren Zeichenschalter bereits in ihrer Kindheit auf „aus" gestellt und fühlen sich daher nicht wohl, wenn Sie visuell kommunizieren sollen. Das Lernen der visuellen Sprache kann man sich wie das Lernen einer Frendsprache vorstellen. Man entwickelt dabei Fähigkeiten durch das eigentliche Lernen und praktische Anwendung.

Je tiefer Sie selbst in eine neue Sprache eintauchen, um so schneller wachsen Ihre Fähigkeiten – im Gegensatz zum Besuch eines normalen Unterrichts.

Einige von Ihnen sind sehr sicher im Umgang mit der visuellen Sprache. Ihre Herausforderung ist es, diese Beherrschung and die spezielle Rolle des Graphic Facilitators anzupassen. Es wird nötig sein, zu vereinfachen und die Zeichengeschwindigkeit zu erhöhen. Um bei dieser Metapher zu bleiben: Sie werden in knappen Sätzen reden müssen (denken Sie an den 10-Sekunden Hasen) – im Gegensatz zu langen, detaillierten Absätzen (wie der 10-Minuten Hase).

Ausschlaggebend ist, dass Sie Ihre eigene visuelle Sprache sprechen. Das bedeutet, dass Sie Ihren eigenen, einzigartigen Stil entwickeln sollten. Sie können sich natürlich auch dafür entscheiden, den Stil eines anderen zu kopieren – quasi das bildliche Äquivalent zu einem Amerikaner aus dem mittleren Westen, der einen lausigen britischen oder Südstaaten-Akzent spricht. Es hört sich einfach falsch an. Daher ist es besser, authentisch und man selbst zu sein – auch wenn vielleicht einige visuelle Vokale anfangs misslingen.

Ich lehne mich so stark an diese wort-basierte Metapher an, weil diese Fähigkeit in unserer Kultur umfassender gelehrt und unterstützt wird. Verwenden Sie, was Sie von Ihren Fähigkeiten der verbalen Kommunikation wissen um ein besserer visueller Kommunikator zu werden.

Seien Sie Sie selbst und arbeiten Sie stets daran besser zu werden – das ist der Schlüssel. Sprechen Sie in ihrer visuellen Muttersprache.

Betrachten Sie dieses Buch als die Grundlage, auf der Sie Ihre Fähigkeiten ausbauen. Verknüpfen Sie diese Lerninhalte mit dem, was Sie aus anderen Disziplinen wissen. Spitzen Sie Ihre Ohren, schärfen Sie Ihren Verstand und stärken Sie Ihre Hände durch permanentes Üben. Arbeiten Sie bewusst daran, Ihr eigenes visuelles Vokabular zu erweitern, um ein sprachgewandter Graphic Facilitator zu werden.

In der Praxis

Erstellen Sie eine Büchersammlung. Die Unentbehrlichen Acht sind wirklich nur eines: Grundlegend. Sie werden über Gesichter, Körper und simple Formen hinausgehen wollen. Schaffen Sie sich ein Skizzenbuch an, sammeln Sie Bildsymbole, füllen Sie eine Rezeptbox mit Karten voller Zeichnungen. Auch ein Smartphone ist ein tolles Werkzeug. Ich musste einmal ein Möbius-Band zeichnen und war so froh, dass ich ein Smartphone hatte, mit dem ich in diesem Moment nach Bildern suchen konnte.

Arbeiten Sie Ideen mit Ihren Händen aus. ClipArts oder Fotos sind gute Quellen für bestimmte Bilder – aber es ist dennoch besser, mit eigenen Quellen zu üben. Nehmen Sie sich z.B. die Zeit und üben Sie, ein Zebra zu zeichnen. Dann können Sie viel schneller darauf zurückgreifen, wenn Ihr Kunde z.B. plant, eine Zebra-Farm zu eröffnen. Wenn Sie das Foto eines Zebras ins Meeting mitnehmen, um es dann abzuzeichnen, wird Sie das in Ihrer Arbeit ausbremsen.

Seien Sie konsistent. Ja schon wieder: Seien Sie konsistent. In diesem Fall geht es aber weniger darum, die Verwirrung auf Seiten Ihres Kunden zu verhindern, als darum, den Aufwand für uns selbst zu reduzieren. Wenn Sie z.B. häufiger Brücken zeichnen, um zwei Ideen miteinander zu verbinden, dann sollten Sie das Zeichnen von Brücken immer und immer wieder üben. Dann können Sie Ihre Brücke stets ohne Anstrengung zeichnen, wenn sie benötigt wird. Nur wenn Sie mit Architekten arbeiten, die über die Vorzüge verschiedener Brückenformen diskutieren, müssen Sie mehr als einen Brückentyp zeichnen können.

Seien Sie Sie selbst. Ich habe einen künstlerischen Hintergund und ich habe Orginalität sehr schätzen gelernt. Die Szene, in der wir uns bewegen, ist noch relativ jung und es gibt einige stilistische Lager. Aber da ist noch unheimlich viel Platz für neue Stillrichtungen. Machen Sie etwas, was Sie noch nie zuvor gesehen haben. Machen Sie etwas, das zu Ihnen passt. Sie werden sich besser damit fühlen und Ihr Publikum wird das Selbstvertrauen und die Ehrlichkeit Ihrer Arbeit zu schätzen wissen.

Arbeiten Sie mit Beschriftungen. Wenn Sie etwas ungeschickt darstellen, oder wenn nicht sofort zu erkennen ist, dann beschriften Sie es. Das ist keine Sünde!

Hören Sie auf damit, stets ein Wort mit einem Bild zu paaren. Nicht jedes Bild benötigt ein Etikett. Wenn wir uns die Fähigkeiten des Schreibens und Sprechens borgen, um dieses neue Terrain zu erkunden, finden wir uns oft in der Text zu Bild-Falle gefangen. Wir geraten vor allem dann in die Falle, wenn wir auf ein Konzept stoßen, dass schwer zu illustrieren ist.

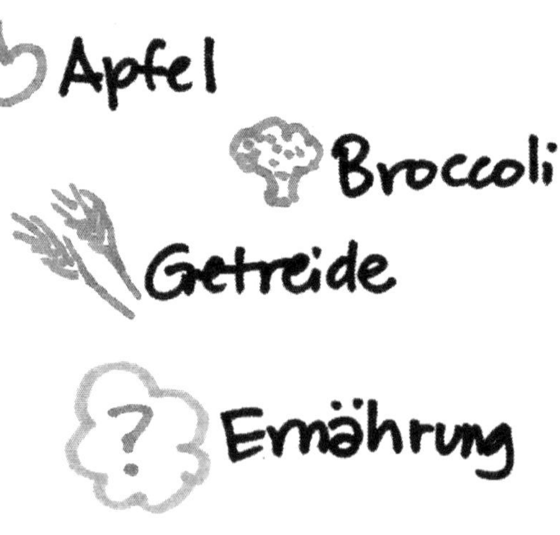

Das nenne ich „Bilderitits“ oder „Iconitis“. Das heißt bedeutet, Ihre Icons sind entzündet. Sie leiden dann unter Iconitis, wenn Sie sich darin verfangen, für jedes Wort, jede Idee ein Icon zeichnen zu müssen. Oft sind Sie dann nicht mehr in der Lage, über diesen Punkt hinauszukommen. Ein Chart könnte z.B. einen Bereich haben, mit einer Menge Zeichnungen in derselben Größe. Das Chart würde bildhaft und einladend wirken – aber die Icons würden keine zusätzliche Bedeutung schaffen, keinen Mehrwert. Sie wären auch bei der Organisation nicht hilfreich.

Halten Sie kundenspezifisches Bildmaterial bereit. Im Abschnitt **„Prozess vor Produkt“** wurden Sie eingeladen, sich auf einen bestimmten Kunden vorzubereiten, indem Sie seine Produkte zeichneten. So könnten Sie z.B, Äpfel und Bananen zeichnen, wenn Ihr Kunde ein Obst-Produzent wäre. Das hilft Ihnen dabei, gut vorbereitet zu sein. Bleiben Sie dennoch offen für die Wünsche und Bedürfnisse Ihres Kunden – nicht für das, was Sie gerne zeichnen wollen. Sicher werden Ihre Obstproduzenten auch über Distribution reden (LKWs, Schiffe) oder Human Ressources (Menschen) – nicht zwingend über Bananen.

Achten Sie darauf, welche Motive und Metaphern Sie verwenden. Ihr Kunde erwähnt z. B. ein Raumschiff um einen Zielplaneten zu erreichen. Das ist ein verführerisches Motiv. Sie könnten mit dieser Metapher davonfliegen und sämtliche Charts mit Sternen und jede Menge Astronauten und Sonnensysteme zeichnen. Sie sollten stets darauf achten, nicht den Boden unter den Füßen zu verlieren. Lassen Sie sich nicht von tollen Motiven aus den Dialogen herausschleudern. Verwenden Sie Bilder – aber tun Sie das stets in Abstimmung mit den Dialogen. Verwenden Sie Metaphern dann, wenn Sie von der Gruppe geboren und auch gepflegt wurden.

Bauen Sie Ihr visuelles Vokabular aus Begriffen, nicht aus einzelnen Icons. Anstatt Ihnen Bilder zum kopieren zu geben, enthält die nächste Seite etwas viel wertvolleres. Es ist eine Liste mit gebräuchlichen Begriffen, die in Meetings gerne diskutiert werden. Nun entwickeln Sie ihre eigenen Bilder, um diese Ideen visuell zu unterstützen. Nicht alle Begriffe sind an Bilder angelehnt. Bringen Sie eine Reihe an Ideen für jeden Begriff. Unterschiedliche Icons können für verschiedene Szenarien oder Firmenkulturen sinnvoll sein.

Gebräuchliche Begriffe in Meetings

Balance

Kapazität

Wandel

Zusammenarbeit

Engagement

Kommunikation

Verbindung

Kultur

Kunden, Nutzer, Patienten, Verbraucher

Daten, Datenbanken

Richtung

Vielfalt und Eingliederung

Feedback

Finanzen

Fokus

Ziel

Wachstum

Infrastruktur

Innovation

Einsichten, Kernkompetenz

Integration

Arbeit

Chef, Führung

Lokal contra global

Management

Erfolgskriterien

Modelle

Organisationen

Mitwirkung, Engagement

Leidenschaft

Performance, Leistung

Planung

Qualität

Ressourcen

Selbstbehalt

Auszeichnungen

Strategie

Support

Nachhaltigkeit

Zeit, Zeitfenster, kurzfristig, langfristig

Tools

Training, Weiterbildung

Transformation

Werte

Visionen

Hier teile ich meine Iconsammlung mit Teilnehmern in einem Workshop. Die Bilder, die sie hier sehen, repräsentieren etwa 90% der Bilder, die ich auch bei Kundenprojekten zeichne. Die Teilnehmer waren ganz erstaunt, dass dies wirklich das ist, was ich zeichne. Was mich ausmacht, ist die Art, wie ich mit Maßstab und Synthese und eben diesen simplen Icons arbeite.

Fordern Sie sich heraus

Wir sind wirklich fast immer der einzige Graphic Facilitator in einem Raum. Sie werden selten die Gelegenheit erhalten, mit einem Kollegen zu arbeiten. Daher bekommen wir auch selten Hinweise, Kritik oder Ratschläge von anderen – denn unsere Kunden haben nicht den Hintergrund und das Verständnis, um uns in Frage stellen zu können. Daher müssen wir uns selbst in Frage stellen, uns selbst herausfordern.

Noch immer ist diese Art der Arbeit für ganz viele Menschen etwas Brandneues. Sie werden eine ganze Menge „Oh's" und „Ah's" ernten. Lob ist großartig – es ermutigt uns. Aber dennoch sollten wir selbstkritisch bleiben. Denn die meisten unserer Kunden haben keine Vergleichsmöglichkeit, keine Erfahrungen und so werden Sie selten detailliertes Feedback von ihnen bekommen.

Es ist wichtig, selbstkritisch zu sein, in der Lage, Probleme zu erkennen und bereit, den eigenen Fortschritt zu beurteilen. Sie sind die Person, die am ehesten in der Lage ist, dies zu tun.

In der Praxis

Zeichnen Sie die Unterhaltung auf. Mit Zustimmung Ihres Kunden können Sie einen Audio- oder Videomitschnitt der Veranstaltung aufzeichnen. So können Sie nach dem Event die Tonaufzeichnung anhören oder das Video betrachten, um zu überprüfen, wie gut Sie Ihre Arbeit wirklich gemacht haben. Ein Video gibt Ihnen auch die Möglichkeit, Ihre Körpersprache zu überprüfen.

Schließen Sie sich mit Ihrem Kunden kurz. Meist haben wir während eines Events nicht wirklich viel Zeit, um mit unserem Kunden zu sprechen. Eine schnelle Frage wie „Irgendetwas, das ich anders machen sollte?" könnte die Initialzündung zu einer Kurskorrektur sein. Generell kann das Kurzschließen mit dem Facilitator Kommunikationskanäle öffnen. Wenn Sie z.B. eine nützliche Beobachtung über den Fortschritt der Gruppe mit ihm teilen, könnte ihn dies dazu einladen, sich auch mit Ihnen kurzzuschließen.

Machen Sie sich Notizen. Wenn Sie feststellen, dass Sie einen Fehler gemacht haben oder durcheinander gekommen sind, dann machen Sie sich eine schnelle Notiz darüber. Halten Sie sich dabei nicht zulange damit auf – bringen Sie es einfach zu Papier. Dann können Sie später auf diesen Punkt zurückkommen um es für die Zukunft zu verbessern. Diese Art zu arbeiten ist wirklich intensiv – und stets genau im Moment. Nach dem Projekt sind Sie oft schon mitten im nächsten Projekt. Eine simple Notiz kann ihnen dabei helfen, gezielt besser zu werden.

Schaffen Sie sich einen Kollegenkreis. Auch wenn die meisten der Projekte echte Solo-Auftritte sind, gibt es stets die Gelegenheit, Gleichgesinnte zu finden, mit denen Sie sich austauschen und netzwerken können. Nochmals – der Bedarf an Mentoren ist größer als die Versorgung unter den Graphic Facilitators. Wenden

Sie sich daher an Ihre Gleichgesinnten, um Wissen zu teilen und sich gegenseitig herauszufordern.

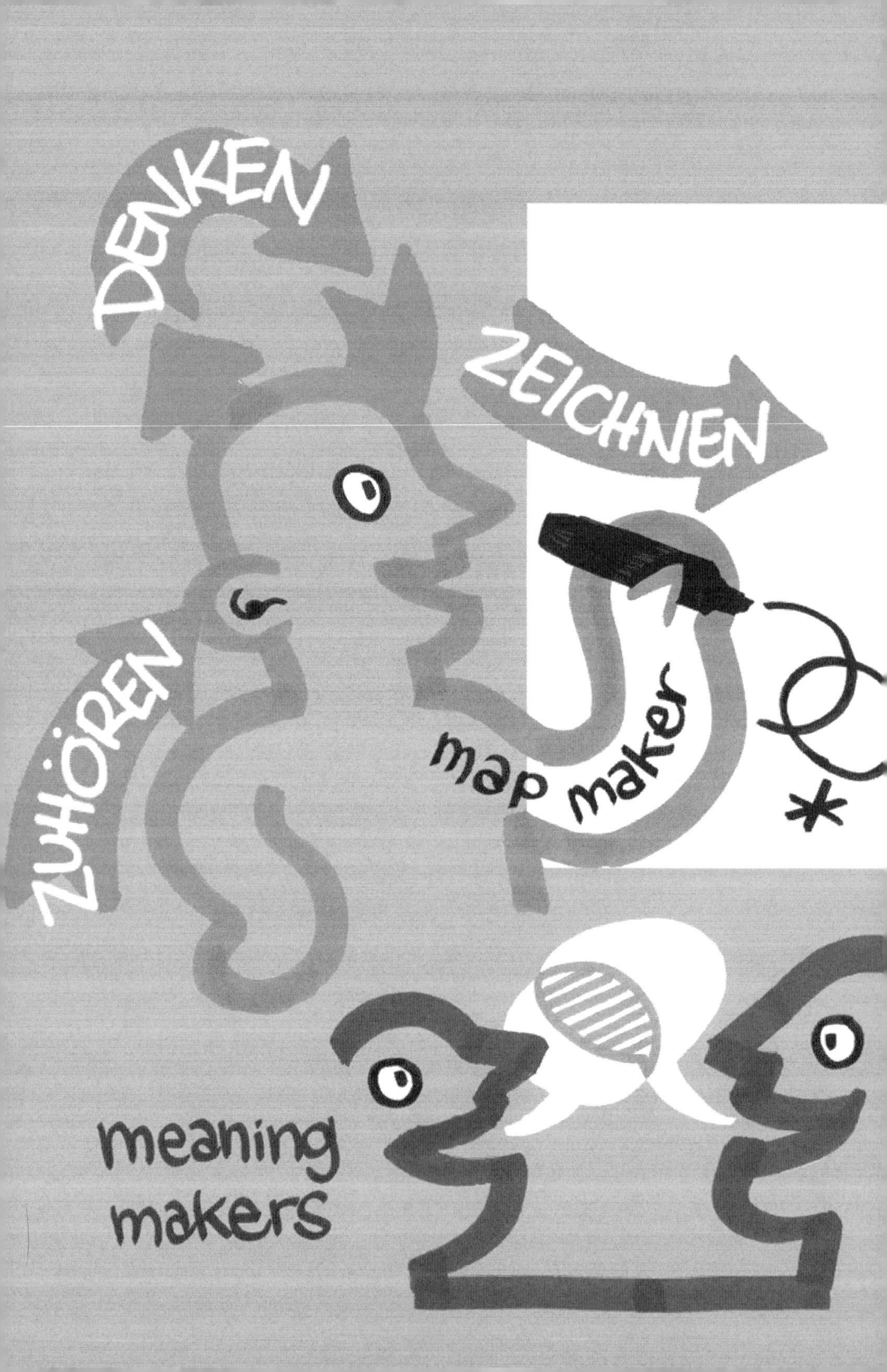
DENKEN
ZEICHNEN
ZUHÖREN
map maker
meaning makers

IM RAUM

Ihre Anwesenheit ist kraftvoll

Die Kräfte, die in Graphic Facilitation stecken, sind: **„Die Kraft, gehört zu werden“**, **„Die Kraft des gemeinsamen Verstehens“** und **„Die Kraft, Ihre Arbeit sehen und berühren zu können“.** Das sind die unglaublich Kraft spendenden Faktoren innerhalb eines Meetings. Als Graphic Facilitator sind Sie die menschliche Repräsentanz dieser Kräfte. **Ihre Anwesenheit ist kraftvoll.**

Die Art, wie Sie sich während des Meetings ganz vorne im Raum verhalten, hat eine Auswirkung. Ja, sie sind eine kraftvolle Präsenz. Aber, wie wir ganz zu Beginn gesagt haben, **geht es nicht um Sie.** Es gibt eine Mitte, eine Balance zwischen dem Ninja und dem Showman.

Auf der einen Seite sind die Ninjas, die am liebsten im Papier verschwinden würden. Sie sehen die Gruppe niemals an. Ihre Körpersprache ist so stählern, dass die Gruppe ganz vergisst, dass sie da sind. Schlimmstenfalls könnte die Gruppe sie als kauernd und unterwürfig empfinden Auf der anderen Seite des Spektrums sind die Showmen, die aus Ihrer Arbeit eine Performance machen. Sie ziehen mehr Konzentration auf sich als auf Ihre visuellen Landkarten. Schlimmstenfalls sind Showmen bombastisch und aufsehenheischend.

Es ist ganz alleine Ihre Entscheidung, wie Sie sich im Raum präsentieren möchten. Sie setzen die Erwartungen bei Ihrem Kunden. Ich finde, die Wahrheit liegt genau „in der Mitte“. Dort sind sie partizipierend und präsent – weder zu unscheinbar, noch zu ablenkend. Seien Sie präsent und der Gruppe ein gleichwertiger Partner.

Ihr ganzer Körper kommuniziert. Ihr Auftreten und Ihre Persönlichkeit kommunizieren. Seien Sie sich darüber im Klaren, wie Sie durch Ihre Körpersprache mit der Gruppe kommunizieren.

In der Praxis

Sorgen Sie dafür, dass Sie vorgestellt werden. Es ist dieser Punkt aus dem Kapitel **„Es geht nicht um Sie“**, den ich an dieser Stelle wiederholen möchte. Ihr Name sollte von Beginn an allen Teilnehmern bekannt sein – und, dass Sie da sind, um der Gruppe zu helfen. Da wir Außenseiter sind, werden wir bei der Vorbereitung von Namensschildern oft vergessen. Machen Sie sich Ihr eigenes Namensschild. Wenn Leute in den Raum kommen und versuchen, Ihr unbekanntes Gesicht einzuordnen, sollten Sie sich kurz vorstellen.

Verhalten Sie sich ruhig. Auch wenn Sie nervös sind, oder die Spannung innerhalb der Gruppe wahrnehmen, sollten Sie nicht herumzappeln oder herumlaufen. Sie würden die Gruppe dadurch nur ablenken. Wenn Sie **dastehen, um den Dialogen zuzuhören**, dann sollten Sie einen Platz finden, an dem Sie sich wohlfühlen.

Sie sollten mit Ihren Kräften haushalten. Graphic Facilitation ist wirklich anstrengend. Wir stehen die meiste Zeit des Tages, strecken uns um ganz nach oben zu kommen und zeichnen. Sie müssen mit Ihren Kräften so haushalten, dass Sie die Anforderungen des Meetings erfüllen. Tragen Sie passende Schuhe und Kleidung – auch für das Dehnen. Dehnen und beugen Sie Ihre Knie während der Pausen. Essen Sie und sorgen Sie für genügend Flüssigkeit. Ruhen Sie sich vor und nach den Projekten aus.

Wenn es möglich ist, können Sie sich auch einmal setzen. Wenn die Gruppe z.B. bei einem Dialog 90 Minuten benötigt, der auf 40 Minuten angesetzt war, könnten Sie müde werden und sich setzen wollen. Beobachten Sie aber dabei die Reaktion der Gruppe. Oft wird längeres Sitzen sehr wohl wahrgenommen und könnte die Energie im Raum nach unten ziehen. Wenn die Gruppe richtig tief im Dialog steckt, ist es besser, zu stehen und mit der Gruppe präsent zu sein.

Zum Thema Kleidung. Sie sollten bei der Wahl Ihrer Kleidung die Balance finden zwischen der Bequemlichkeit entsprechend Ihrer Tätigkeit und der Anpassung an die Gruppe, für die Sie arbeiten. Wenn Sie z.B. in einem Raum voller Leute in dreiteiligen Business-Anzügen arbeiten, dann werden diese sehr wohl verstehen, dass es schwierig ist, einen großen Papierbogen aufzuspannen, während Sie einen maßgeschneiderten Blazer tragen. Sie sollten Kleidung tragen, mit der Sie sich sowohl strecken als auch hin-hocken können. Auch sollten sie Schuhe tragen, die für ganztägiges Stehen geeignet sind. Ich empfehle Schuhe, die keine harten Sohlen haben, damit Sie die Gruppe nicht durch laute Schritte ablenken. Immerhin stehen Sie die meiste Zeit des Tages vor der Gruppe.

Interagieren Sie mit der Gruppe. Auch wenn wir meist Outsider sind, müssen wir für die Gruppe keine Fremden bleiben. Nutzen Sie die Pausen, um die Fragen der Gruppe zu beantworten. Nehmen Sie Komplimente dankbar an. Obwohl Sie in einer Rolle agieren, die für viele neu und für manche außerirdisch erscheint, sind wir menschliche Wesen, die mit anderen menschlichen Wesen zusammenarbeiten.

Ziehen Sie sich zurück und regenerieren Sie sich. Bei der hohen Intensität dieser Arbeit müssen Sie ihre mentalen und physischen Pausen einhalten. Ich bin eher introvertiert, weshalb ich Einladungen zum Essen oder Angebote, mich mit der Gruppe im Nachhinein zu treffen, meist ablehne. Ich bin dankbar, dass der Kunde mich einbeziehen möchte, ziehe mich aber lieber zurück, um etwas Ruhe und Zeit für mich zu bekommen und mich so für den nächsten Teil des Meetings zu resetten.

Nehmen Sie Hilfe an. Wenn Ihnen jemand dabei helfen möchte, ein Chart zu bewegen oder einen neuen Bogen Papier aufzuspannen, dann sollten Sie dies zulassen. Im Grunde sind wir in der Lage, allein zu arbeiten, dennoch sollten wir Hilfe annehmen, wenn sie uns angeboten wird. Wenn Sie jemand darauf hinweist, dass Sie etwas vergessen oder etwas falsch gemacht haben, dann sollten Sie diese Korrekturen dankbar annehmen. Die Teilnehmer wissen, dass Sie im Raum sind, um ihnen zu helfen – sie sind auf Ihrer Seite. Es gibt keinen Grund, sich aufzuregen oder verteidigen zu müssen.

Einmal war ich in einer Plenardiskussion mit achtzig Teilnehmern. Die Veranstaltung blubberte in großer Geschwindigkeit dahin. Ich zeichnete, zeichnete und zeichnete. Dann kamen Sie ins Stocken. Ich ging einen Schritt zurück, beobachtete die Gruppe und lauschte. Die Unterhaltung kam wieder in Schwung, aber sie machte keinen Fortschritt. Sie sagten nichts, was nicht schon an der Wand zu sehen war.

Schießlich machte ein Mann den Mund auf, und zeigte auf mich: „Habt Ihr eigentlich festgestellt, dass sie in den letzten 20 Minuten nichts mehr gezeichnet hat? Wir kommen überhaupt nicht weiter."

Seine Beobachtung schreckte die Gruppe auf und brachte sie wieder in den Bewegung. Ich bin so froh, dass er mich dazu verwendet hat, um zu demonstrieren, dass die Gruppe ins Stocken gekommen war. Ich hätte eine fleißige Biene spielen können und alles erneut notieren können, was schon einmal gesagt wurde. Aber das hätte der Gruppe nicht weiter geholfen. Das hätte nur die Tafel gefüllt und den Raum für wirklich neue Ideen „gestohlen".

Partnerschaften eingehen

Wir haben uns darauf konzentriert, Graphic Facilitation alleine zu praktizieren. Es ist wichtig zu lernen, wie man unabhängig arbeiten kann – vor allem weil uns in Events selbst wenig Richtungsweisendes widerfährt.

Oft gehen wir für Events Partnerschaften mit Facilitators ein. Oder mit unserem Kunden, der für sein Meeting die Rolle des Facilitators übernimmt. Bei Konferenzen werden Sie wahrscheinlich durch einen Conférencier eingeführt und arbeiten auf der logistischen Seite mit einem Produktionsteam für die Zeitdauer der Konferenz. Der Charakter solcher Partnerschaften kann die komplette Bandbreite von belebend bis verzwickt abdecken.

Sie könnten gleich zu Beginn vorgestellt werden und die Agenda gemeinsam mit dem Facilitator designen. Oder Sie werden quasi per Fallschirm in der letzten Minute mit Ihren Markern und der Papierrolle ins Meeting springen. Sie sollten ihren besten Weg herausfinden, oder, wie Sie sich der jeweiligen Situation am besten anpassen können.

In der Praxis

Erklären Sie Ihre Art zu arbeiten und was Sie liefern werden. Legen Sie gleich zu Beginn fest, was von Ihnen erwartet werden kann. Ganz gleich ob Sie es persönlich erklären oder in Ihren Werbebroschüren festhalten – beschreiben Sie, wie Sie gerne arbeiten. Wenn Sie es mögen, Meetings von Beginn an mit zu gestalten – dann sagen Sie das den Menschen. Sie werden dann solche Aufträge erhalten. Wenn Sie etwas ganz fantastisches Einzigartiges abzuliefern haben, dann machen Sie das ganz klar. Lassen Sie die Leute wissen, wie Sie am besten arbeiten können. Es ist für viele unsere Kunden noch immer etwas ganz Neues, einen Graphic Facilitator anzuheuern. Jede Information, die Sie über „Ihren Prozess" verraten wir ihnen dabei helfen herauszufinden, ob Sie der richtige Partner sind.

Seien Sie für alles bereit. Be ready for anything. Anpassungsfähigkeit ist die wichtigste Fähigkeit für Graphic Facilitation. Sie werden im Laufe der Zeit Ihre bevorzugte Art des Arbeitens kennenlernen. Sie werden feststellen, das alles passieren kann und dass es das auch tatsächlich tut. Agendas ändern sich. Die Logistik verändert sich. Ich habe schon Wochen mit der Korrespondenz und Vertragsvorbereitungen mit einer Person verbracht – nur um festzustellen dass es sich gar nicht um den Kunden handelte, sondern die Person, die damit beauftragt wurde, einen von diesen Graphic Facilitator-Menschen zu finden.

Sie sollten darauf vorbereitet sein, mitzuwirken. Mit wenig – und manchmal auch gar keinen – Direktiven. Viele unserer Kunden haben zuvor nie mit einem Graphic Facilitator zusammen gearbeitet, in diesen Fällen sollten Sie einfach die Führung übernehmen.

Ich bin schon zu Projekten erschienen, wo ich feststellen musste, dass wirklich keiner verstand warum zum Teufel ich überhaupt anwesend war. Auf der anderen Seite gibt es eine ganze Reihe an Facilitatoren, mit denen sich schon seit einem Jahrzehnt zusammenarbeite – wir kommunizieren mittlerweile quasi telepathisch. Es gab Facilitatoren, die mit mir zusammenarbeiteten und andere, die mich schlicht ignorierten. Ich weiß, dass ich das Beste aus meiner Rolle als Graphic Facilitator zum Nutzen der Gruppe herausholen muss – ganz gleich, welche Dynamik sich zwischen mir und dem Kunden oder dem Facilitator entwickelt. Ich bin da, um die Teilnehmer zu unterstützen.

Versuchen Sie, die Vielfalt Ihrer Kunden zu verstehen. Grundsätzlich ist es so, dass wir der ganzen Gruppe innerhalb des Meetings dienen. Und wir dienen unterschiedlichen Kunden. Der Facilitator, mit dem wir zusammenarbeiten, ist einer dieser Kunden. Der Kunde des Facilitators ebenfalls. Oftmals wird der Chef unseres Kunden ebenfalls zu einem Kunden. Diese unterschiedlichen Kunden zu verstehen und zu steuern ist elementar für unsere Rolle als Graphic Facilitator. Wenn Sie einen Untervertrag mit dem Facilitator oder dem Kunden haben, dann sollten Sie respektieren, dass Sie dessen Firma repräsentieren und nicht Ihre eigene.

Machen Sie sich für visuelle Skills und Werkzeuge stark. Bei all diesen Ebenen an unterschiedlichen Kunden und wechselnden Agendas könnten Sie leicht untergehen. Wenn Sie feststellen, dass Ihre Arbeit untergeht, dann melden Sie sich zu Wort. Wenn Sie z.B. an einem zu dunklen Ort unterbracht sind, sollten Sie Ihrem Kunden klarmachen, dass man Sie sehen muss, damit Ihre Arbeit wirken kann. Wenn Sie eine Möglichkeit erkennen, die Gruppe besser in Ihre Arbeit zu involvieren, dann lassen Sie Ihren Kunden das wissen. Facilitator und Kunden haben ihre eigenen Fähigkeiten und Stärken – aber die einzige Person im Raum, die sich perfekt mit visuellen Tools auskennt, sind Sie.

Gebt ihnen Marker

Je weiter Sie ihrer eigenen Fähigkeiten durch die Tätigkeit als Graphic Facilitator stärken, umso mehr werden Sie erkennen, wie sinn- und kraftvoll es ist, andere dazu anzuregen, ihre eigenen Fähigkeiten des Zuhörens, Denkens und Zeichnens auszubauen.

Sie werden sich dabei erwischen, Ihre Marker mit anderen zu teilen.

Obwohl Sie natürlich da sind ,um Ihre Rolle als Graphic Facilitator auszufüllen kann es in einigen Meetings, bei einigen Prozessen sinnvoll sein, ihre Teilnehmer ihren Input selbst zeichnen und aufschreiben zu lassen.

Es könnte sein, dass Menschen es als einschüchternd empfinden, in Anwesenheit eines Profis Anleitungen zum Zeichnen zu befolgen. Aber es gibt viele verschiedene Wege, Teilnehmer dazu zu ermutigen, den Marker in die Hand zu nehmen.

In der Praxis

Geben Sie jedem das richtige Werkzeug. Sorgen Sie dafür, dass die sichersten und leserlichsten Materialien für Übungen zur Hand sind. Wenn Sie FlipChart-Papier da haben, dann sollten Sie auch jede Menge schreibfähige Marker zur Verfügung haben – nicht etwa Whiteboardmarker. Wenn Sie möchten, dass die Gruppe Ihre Beiträge auf selbstklebenden Moderationskarten notiert, dann geben Sie ihnen Marker mit den richtigen Spitzen, damit die Beiträge auch von jedem gelesen werden können. Kugelschreiber z.B. wären hier sicher nicht die richtige Wahl.

Geben Sie jedem ein gutes Beispiel. Wenn Sie Ihre Gruppe dazu einladen mitzumachen, dann sollten Sie Ihnen eindeutige Anweisungen und gute Beispiele an die Hand geben. Wenn Sie z.B. möchten, dass jedes Team fünf selbstklebende Moderationskarten beschriftet, dann sollten Sie beispielhaft beschriftete Moderationskarten aufhängen. Mit den richtigen Markern und einer lesbaren Handschrift beschrieben. Eindeutige Beispiele helfen den Teilnehmern dabei, zu verstehen, was von ihnen erwartet wird – und sie werden es abliefern.

Sagen Sie „Nein“. Ich glaube an Service. Aber ich sage „Nein“ zu meinen Kunden, wenn ich davon überzeugt bin, dass sie sich besser selbst helfen können. In vielen Meetings arbeiten wir in einer großen Plenargruppe, um dann in kleinere Breakout-Gruppen auseinander zu gehen. In dieser Phase der Veränderung könnte eine der Gruppen dann fragen „Können wir Brandy haben ?“

Ich sage „Nein“. Nicht um weniger Arbeit zu haben, sondern weil es wichtig ist, dass die Gruppe selbst Ihren eigenen Ideen lauschen, denken und diese Ideen zu Papier bringen sollte. Als ich diese Anfragen noch annahm, war ich oft so etwas wie die Stütze der Gruppe. Aber diese Gruppen sollten unbedingt ihre Arbeit selbst erledigen können.

Ich lehne freundlich ab, indem ich sage „Ich kann mich nicht für eine Gruppe verpflichten. Aber wenn irgendjemand bei einer kleinen speziellen Aufgabe Hilfe benötigt, bin ich für ihn da.“

Bleiben Sie auf dem Weg. Wenn Sie Anweisungen geben, sollten Sie der erste sein, der sie auch einhält. Dies ist selten ein Problem für Graphic Facilitator, denn wir sind kaum in der Lage, uns aus unserem Arbeits-Modus auszuklinken. Ermutigen Sie Facilitator und Kunden, mit denen Sie zusammenarbeiten, Ihren Verhaltensregeln zu folgen. Ein Facilitator der abwinkend sagt „Oh, nein, ich zeichne nicht, das macht Brandy“ gibt damit automatisch jedem im Raum die Erlaubnis aufzugeben. Bitten Sie sie daher, ihre Rollen in diesem Spiel mitzuspielen.

Achten Sie darauf, was Sie loben. Weil die Königsregel lautet **„Content is King"** sollten sie stets Substanz mehr Beachtung schenken, als dem Stil. Die Leute sind nervös, wegen Ihrer Zeichenfertigkeiten, daher geben Sie sich oft gegenseitig Komplimente für die Blumenborden des einen oder die Handschrift des anderen. Beide sind nett und adrett – aber welche Inhalte wurden geteilt? Welche Arbeit wurde erledigt? Sie sollten daher unordentliche, aber bedeutungsvolle Arbeiten mehr loben als schöne, aber inhaltsleere Zeichnungen. Wir verdienen alle goldene Sterne für gute Arbeit – solange es gute Arbeit in Bezug auf die gestellte Aufgabe war.

Nun ziehen Sie los und tun Großartiges!

Ich bin so dankbar, dass ich meine Gedanken über Graphic Facilitation mit Ihnen teilen kann. Ich bin überzeugt davon, dass die Kräfte die in dieser Methode, stecken riesig sind und ich hoffe, dass Ihnen meine Prinzipien dabei helfen, großartige Arbeit für sich selbst und natürlich Ihre Kunden zu tun. Ich hoffe, dass ich in der Lage war, diese Prinzipien in für Sie annehmbare und anpassbare Portionen zu teilen, damit Sie sie zu eigenen Fähigkeiten zusammensetzen können. Graphic Facilitation wird ihnen die Möglichkeit eröffnen, einer Gruppe in einer Art und Weise zu dienen, wie es nur wenige Menschen können. Ich hoffe, Sie finden es genauso befriedigend wie ich, mit Zuhören, Denken und Zeichnen, Bedeutung zu schaffen.

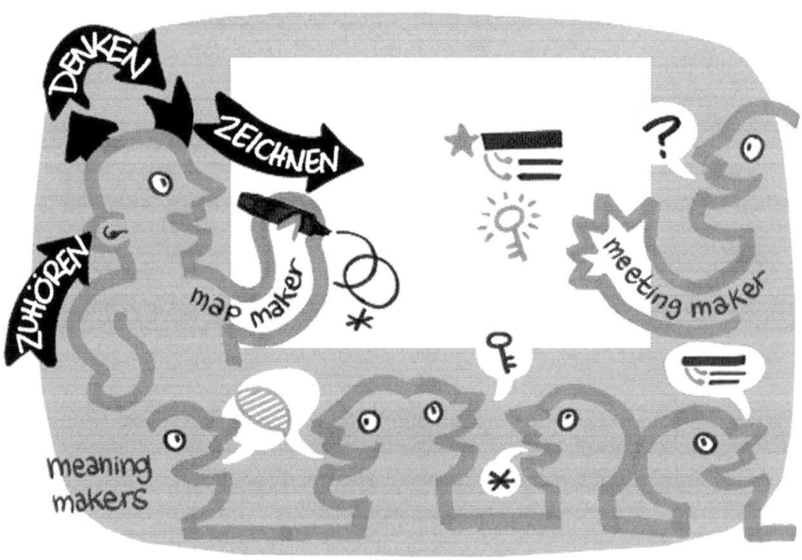

Tun Sie's. Gehen Sie da hinaus und versuchen Sie Ihre Hände an dieser Arbeit. Möglicherweise haben Sie ein fantastisches Werkzeug entdeckt, das Ihnen und der Gruppe, der Sie dienen, zu großartiger Arbeit verhilft. Ganz gleich, ob Sie nun Graphic Facilitator werden, oder diese Fähigkeiten in anderen Rollen nutzen können. Vielleicht werden Sie Graphic Facilitation am Ende nicht lieben – aber der einzige Weg, das herauszufinden, ist, es auszuprobieren.

Benutzen Sie die Tags in den Überschriften – wie auf Seite 35 beschrieben, um Ihre Erfahrungen mit anderen in sozialen Netzwerken zu **teilen**.

Besuchen Sie GraphicFacilitator.com. Gehen Sie dort in die einzelnen Bereiche, um Ressourcen zu finden und weitere Sachinformationen rund um dieses Buch. Dort finden Sie dann auch heraus, was ich gerade wieder Neues zusammengebraut habe, um Ihnen bei Ihrer visuellen Arbeit zu helfen.

Zeichnen Sie weiter! Genießen Sie es, haben Sie Spaß. Graphic Facilitation ist eine unglaublich dankbare Arbeit. Ich wünsche Ihnen große Möglichkeiten, ein feines Gehör, einen klaren Verstand und flinke Finger!